创意家装设计灵感集

个性 卷

创意家装设计灵感集编写组 编

机械工业出版社
CHINA MACHINE PRESS

本套丛书甄选了2000余幅国内新锐设计师的优秀作品,对家庭装修设计中的材料、软装及色彩等元素进行全方位的专业解析,以精彩的搭配与设计激发读者的创作灵感。本套丛书共包括典雅卷、时尚卷、奢华卷、个性卷、清新卷5个分册,每个分册均包含了电视墙、客厅、餐厅、卧室4个家庭装修中最重要的部分。各部分占用的篇幅约为:电视墙30%、客厅40%、餐厅15%、卧室15%。本书内容丰富、案例精美,深入浅出地将理论知识与实践完美结合,为室内设计师及广大读者提供有效参考。

图书在版编目(CIP)数据

创意家装设计灵感集. 个性卷 / 创意家装设计灵感集编写组编. — 北京:机械工业出版社,2020.5
ISBN 978-7-111-65295-3

Ⅰ.①创… Ⅱ.①创… Ⅲ.①住宅-室内装饰设计-图集 Ⅳ.①TU241-64

中国版本图书馆CIP数据核字(2020)第059245号

机械工业出版社(北京市百万庄大街22号 邮政编码100037)
策划编辑:宋晓磊　　　　责任编辑:宋晓磊
责任校对:张　薇　刘雅娜　责任印制:孙　炜
北京联兴盛业印刷股份有限公司印刷

2020年5月第1版第1次印刷
169mm×239mm·8印张·2插页·154千字
标准书号:ISBN 978-7-111-65295-3
定价:39.00元

电话服务　　　　　　　　网络服务
客服电话:010-88361066　机 工 官 网:www.cmpbook.com
　　　　　010-88379833　机 工 官 博:weibo.com/cmp1952
　　　　　010-68326294　金 书 网:www.golden-book.com
封底无防伪标均为盗版　机工教育服务网:www.cmpedu.com

前　言

　　在家庭装修中,设计、选材、施工是不容忽视的重要环节,它们直接影响到家庭装修的品位、造价和质量。因此,除了选择合适的装修风格之外,应对设计、选材、施工具有一定的掌握能力,才能保证家庭装修的顺利完成。此外,在家居装修设计中,不同的色彩会产生不同的视觉感受,不同的风格有不同的配色手法,不同的材质也有不同的搭配技巧,打造一个让人感到舒适、放松的家居空间,是家庭装修的最终目标。

　　本套丛书通过对大量案例灵感的解析,深度诠释了对家居风格、色彩、材料及软装的搭配与设计,从而营造出一个或清新自然、或奢华大气、或典雅秀丽、或个性时尚的家居空间格调。本套丛书共包括5个分册,以典雅、时尚、奢华、个性、清新5种当下流行的装修格调为基础,甄选出大量新锐设计师的优秀作品,通过直观的方式以及更便利的使用习惯进行分类,以求让读者更有效地了解装修常识,从而激发灵感,打造出一个让人感到放松、舒适的居室空间。每个分册均包含家庭装修中最重要的电视墙、客厅、餐厅和卧室4个部分的设计图例。各部分占用的篇幅分别约为:电视墙30%、客厅40%、餐厅15%、卧室15%。针对特色材料的特点、选购及施工注意事项、搭配运用等进行了详细讲解。

　　我们将基础理论知识与实践操作完美结合,打造出一个内容丰富、案例精美的灵感借鉴参考集,力求为读者提供真实有效的参考依据。

目 录

个性型电视墙装饰材料

　　想要打造充满个性的电视墙，可以将金属、玻璃、石材、壁纸甚至墙漆等装饰材料进行个性组合，再通过大胆的用色或创意造型来彰显个性与品位。

Part ①

个·性·卷

电视墙

图1

高低错落的成品电视柜搭配创意摆件，让电视墙的设计简洁又别致。

图2

黑白根大理石纹理清晰，色彩分明，使电视墙的装饰视觉效果更加饱满，有张力。

图3

树状造型的立体艺术墙贴新颖别致，与彩色环保硅藻泥搭配，使电视墙的设计既具有个性又富有创意。

图4

镜面赋予电视墙极佳的装饰效果，让设计造型简单的墙面更加多变。

① 肌理壁纸
② 黑白根大理石
③ 米色网纹大理石
④ 艺术墙贴
⑤ 彩色硅藻泥
⑥ 布艺软包

① 彩色硅藻泥
② 黑色烤漆玻璃
③ 石膏板拓缝
④ 米色网纹大理石
⑤ 木质花格

图1

环保硅藻泥装饰的电视墙，色彩柔和。在灯光的衬托下，整个墙面的视觉效果更有层次感。

图2

烤漆玻璃极富质感，与白色石膏板搭配使电视墙的色彩对比强烈，彰显出现代风格简洁、硬朗的美感。

图3

网纹大理石色泽温润，纹理清晰，与深色电视柜搭配，层次分明，使视觉效果更加饱满。

图4

浅灰色墙漆搭配白色木质电视柜，整洁干净，营造出明快又不失趣味的空间氛围。

钢化玻璃茶几
金属与钢化玻璃相结合的茶几，通透又有时尚感。
参考价格：800~1400元

风扇吊灯
铜质风扇吊灯为客厅空间增添了一份复古的异域情趣。
参考价格：800~1200元

1

视墙使用的高级灰营造出现代风舍室的时尚感，在筒灯灯光的辅助展现出简约又富有个性的美感。

2

灰色密度板拓缝造型装饰的电视个性时尚，黑色金属摆件赋予墙丰富的色彩层次感。

3

并贴在一起的灰白色板岩砖作为视墙装饰，展现出主人个性的同还具有一定的复古情怀。

条纹壁纸
白色抛光地砖
密度板拓缝
灰色乳胶漆
白色板岩砖
玻璃砖

[实用贴士]   电视墙设计的基本原则

（1）电视墙设计不能凌乱复杂，应以简洁明快为宜。墙面是最易吸引人们视线的地方，是进门后视线的焦点，就像一个人的脸一样，略施粉黛，便可令人耳目一新。

（2）色彩运用要合理。从色彩对人的心理作用角度来分析，它可以使房间看起来宽敞，也可以显得狭窄，给人以"凸出"或"凹进"的感觉，色彩既可以使房间变得活跃，也可以使房间显得宁静。

（3）不能单纯为做电视墙而做电视墙，要注意电视墙的设计与家居整体的搭配，需要和其他陈设相互配合与映衬，还要考虑其位置的安排及灯光效果。

无缝饰面板

　　PVC（聚氯乙烯）无缝饰面板色彩鲜艳，纹理造型丰富，具有良好的防水性和耐潮性。

👍 优点

　　无缝饰面板具有很好的整体感，在视觉上给人连贯、完整的感觉。可以适当地搭配一些富有创意的装饰画来增强美感。同时也可以用拓缝的工艺来丰富墙面的设计，让电视墙的设计更显别致。

❗ 注意

　　无缝饰面板是合成板材，在选购时一定要选择甲醛释放量低的板材。可以用鼻子闻一下，气味越大，则说明甲醛释放量越高。最保险的做法是购买有明确厂名、厂址、商标的产品，并向商家索取检测报告和质量检验合格证书等。

★ 推荐搭配

　　无缝饰面板拓缝+创意搁板+装饰画

　　无缝饰面板+有色乳胶漆

　　无缝饰面板+装饰镜面+木质花格

图1

直纹理的无缝饰面板装饰的电视墙简洁大方，与墙漆颜色形成深浅对比，让电视墙的设计更有层次感。

① 无缝饰面板
② 有色乳胶漆
③ 密度板混油
④ 木质踢脚线
⑤ 装饰银镜

① 车边银镜
② 仿岩涂料
③ 白色乳胶漆
④ 泰柚木饰面板
⑤ 装饰银镜
⑥ 木纹大理石

皮质躺椅
皮质躺椅的造型别致，为客厅打
造出一个休闲放松的角落。
参考价格：800~1200元

图1
仿岩涂料斑驳的质感为客厅空间注
入一份工业风的复古情怀，与两侧
墙面搭配，显得十分有个性。

图2
电视墙的设计造型十分别致，白色
乳胶漆与木饰面板搭配，层次分明，
装饰效果极佳。

图3
镜面的运用丰富了电视墙的设计层
次，与米白色密度板和墙漆搭配，
简洁又大气。

图4
电视墙面选用柠檬黄打底，个性时
尚，并与浅灰色木纹大理石搭配，
色彩层次十分丰富。

① 木质花格

② 双色亚光墙砖

③ 有色乳胶漆

④ 白枫木装饰线

⑤ 印花壁纸

⑥ 白色板岩砖

装饰花艺
花艺的运用为空间注入一份柔
和的美感。
参考价格: 根据季节议价

图1

黑白色调的电视墙富有个性和现代
感，不同材质的搭配也体现出设计
的层次感。

图2

电视墙两侧的对称造型让设计更有
平衡感；利用圆盘作为墙面装饰，
个性十足，装饰效果极佳。

图3

搁板的创意设计造型让电视墙的装
饰效果更佳，银色印花壁纸极富质
感，彰显了现代风格轻奢的美感。

图4

裸露的白砖与素色乳胶漆让电视墙
的设计简约而富有层次，彰显出极
简主义的美感。

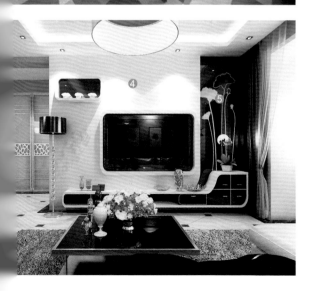

中花白大理石

中花白大理石质地细密，放射性元素低，常被用于家庭装修中墙面及台面的装饰。

👍 优点

中花白大理石的纹理清雅、素白，以白底灰色波浪纹最为常见。除了天然的颜色及纹理，大理石的切割工艺也会对大理石的装饰效果产生影响，令家居空间的装饰效果更加多样化。

❗ 注意

中花白大理石有天然大理石与人造大理石之分。天然中花白大理石硬度高、不易变形、耐磨性强；人造中花白大理石可以根据加工工艺来调节花色，有耐腐蚀、耐高温、易清洁的特点，但是由于在加工人造大理石时所应用的原材料不同，一些劣质石材中会含有大量的甲醛，有害人体健康。此外，与天然大理石相比，人造大理石的硬度不高，容易出现划痕。

★ 推荐搭配

中花白大理石+不锈钢条

中花白大理石+银镜装饰线

图1

用中花白大理石装饰的电视墙，素白且纹理清晰，浅灰色墙砖的运用则赋予墙面清雅的美感。

① 中花白大理石

② 有色乳胶漆

③ 木质搁板

④ 白色乳胶漆

⑤ 雕花烤漆玻璃

[实用贴士] 如何合理选用电视墙材料

电视墙的装饰中要根据材料的特性进行选择与搭配。在材料的色彩搭配上，不同的颜色给人不同的心理感受，光泽度和透明度也必须同时考虑，如普通玻璃、有机玻璃板、磨砂玻璃、透光云石、金属、木材等的搭配。由于色彩的明度不同，因此可以形成不同的空间感，可产生前进、后退、凸出、凹进的效果。也可利用不同材料的装饰性，如材料本身的花纹图案、形状、尺寸等的和谐搭配，最大程度地发挥材料的装饰性。

① 白色板岩砖
② 木质搁板
③ 雕花灰镜
④ 木纹大理石
⑤ 装饰硬包
⑥ 陶瓷锦砖
⑦ 米白色洞石

束腰坐墩
明黄色束腰造型的坐墩线条优美，装饰效果好，是客厅中具有亮点的点缀。
参考价格：800~1200元

陶瓷锦砖

雕花烤漆玻璃

装饰灰镜

浅灰色网纹大理石

茶色镜面玻璃

手绘墙画

白桦木饰面板

1

瓷锦砖装饰的电视墙色彩丰富，
破了米色壁纸的单调感。

2

复古的图案体现在现代材质中，使
观墙的设计搭配更显别致、新颖。

3

属线条与镜面、大理石相搭配，
布线条简洁利落，展现出一种整
通透的美感。

4

羊题材的手绘墙画赋予客厅无限
由气息，营造出既具有个性又
用浪漫情怀的空间氛围。

封闭式电视柜
白色木质电视柜的雕花线条精美，
彰显出田园风格的清新与淡雅。
参考价格：800~1400元

1

木质花格

　　木质花格是利用木材本身的特点对木材行镂空雕刻花格、格栅等造型，形成图案纹样可对背景墙面、装饰吊顶、隔断、玄关等部位行装饰。

👍 优点

　　木质花格的雕花图案一般以简洁、单一主，并不提倡繁复的雕花设计。为了体现空间饰的个性化，可以采用树状造型的图案，然后过现代工艺手法进行刷白处理，使其看起来更个性，更能满足现代人的审美需求。

❗ 注意

　　木质花格不具备承重功能，若要大面积用，则应尽量选择硬度较高的木种作为基材。木花格可以作为电视墙的装饰使用，但不可悬挂视机等重物。

★ 推荐搭配

　　木质花格+装饰银镜

　　木质花格+乳胶漆+木质饰面板

图1

树状造型的花格作为电视墙装饰，设计造型简约又不层次感。

① 木质花格

② 艺术地毯

③ 茶色镜面玻璃

④ 石膏板拓缝

⑤ 白色波浪板

吊灯
多头彩色玻璃吊灯色彩斑斓，展
现出主人的个性品位。
参考价格：1000~1400元

图1

电视墙选用云纹大理石，层次十分
丰富，使整个墙面流露出简洁又不
乏个性的美感。

图2

墙面装饰线条与石膏板搭配，线条
简洁，层次分明；电视墙面的铁锈
黄大理石是整个空间的点睛之笔，
既彰显个性又带有一丝华丽的视
觉感。

图3

红砖的不规则造型别出心裁，是整
个客厅设计的亮点，彰显了空间设
计的个性美感。

图4

大面积的网纹大理石为电视墙的
设计增添了一份低调的美感，与壁
纸、木线条搭配在一起，使设计层
次更加丰富。

云纹大理石
混纺地毯
铁锈黄云纹大理石
茶镜装饰线
红砖
肌理壁纸

① 石膏板
② 印花壁纸
③ 木纹墙砖
④ 米色玻化砖
⑤ 黑色烤漆玻璃

布艺坐墩
布艺坐墩柔软舒适, 为待客空间
提供一份舒适与安逸。
参考价格: 800~1200元

图1

简洁的黑色线条让电视墙的装饰
果显得更有个性, 碰撞出极简的
觉感受。

图2

壁纸与木线条相搭配, 让电视墙
设计简洁而富有层次, 彰显出简
而不失优雅的美感。

图3

电视墙与飘窗相连, 阳光可以照入
厅, 空气可以自由流通, 在视觉上
加明亮开阔。

图4

墙面与电视柜一体式设计, 富有
和整体感; 黑白两色的对比也让E
墙呈现的视觉效果更加明快。

圆形坐墩
坐墩的色彩是整个空间配色的
设计亮点。
参考价格：180~240元

1
色与白色营造的空间氛围简洁而
雅，明快的黄色点缀其中，提升
次的同时也为客厅增色不少。

2
入式灯带的运用使壁纸的纹理
突出，装饰效果更佳。

3
色烤漆玻璃与白色石膏板相搭
简约又富有时尚感。

4
镜面与白色石膏板相组合，层
分明，又赋予空间温馨的视觉感
小鸟造型的立体墙饰则为空间
了无限情趣。

柚木饰面板
色乳胶漆
理壁纸
色烤漆玻璃
膏板拓缝
饰茶镜

图1

电视墙选用壁纸与木线条作为饰，利用三色条纹壁纸丰富的色层次，让电视墙呈现的设计效果加丰富。

图2

电视墙两侧造型对称，十分富有性，黑白两色对比强烈，彰显出代风格简洁、明快的特点。

图3

木质线条呈现出不规则的几何型，与深色壁纸形成对比，色彩造型都显得十分有层次感。

图4

电视墙上的黑镜线条与灰色壁色彩时尚，造型别致，彰显出与品位。

装饰绿植
大型绿色装饰植物，为空间增添了一份自然的味道。
参考价格：根据季节议价

① 白枫木装饰线
② 条纹壁纸
③ 黑色烤漆玻璃
④ 米色玻化砖
⑤ 白枫木装饰线
⑥ 黑镜装饰线

有色乳胶漆
木质花格
印花壁纸
石膏板
木质搁板
肌理壁纸

1

色印花壁纸装饰的电视墙优美
雅致；镂空造型的铁艺隔断让整
墙面的设计层次更加丰富。

2

膏板的造型十分别致，与素色印
壁纸搭配，营造出温馨时尚又不
个性的美感。

3

见墙的设计追求功能和形式的
差统一，选色轻快、柔和，体现了
客厅精致、小巧、实用的特点。

吊灯
多头吊灯的设计造型十分复古，
装饰效果极佳。
参考价格：180~240元

[实用贴士]

如何选择电视墙壁纸

如果房间显得空旷或者格局较为单一，可以选择鲜艳的暖色，搭配大花图案的壁纸满墙铺贴。暖色可以起到拉近空间距离的作用，而大花朵图案的满墙铺贴可以营造出花团锦簇的效果。

对于面积较小的客厅，使用冷色壁纸会使空间看起来更大一些。此外，使用亮色或者浅淡的暖色加上一些小碎花图案的壁纸，也会达到这种效果。中间色系的壁纸加上点缀性的暖色小碎花，通过图案的色彩对比，也会巧妙地转移人们的视线，在不知不觉中产生扩大空间的效果。

① 黑色亚光墙砖

② 有色乳胶漆

③ 条纹壁纸

④ 装饰银镜

⑤ 木质花格

⑥ 爵士白大理石

布艺抱枕
布艺抱枕色彩艳丽，成为整个客厅配色的亮点。
参考价格：40~80元

图1

电视墙面设计十分简洁，黑碎缝，质感十足。

图2

电视墙设计造型简约，通过深浅色彩搭配来体现层次感，彰显出约而不简单的现代风格。

图3

灰色、米色与浅咖啡色搭配的电视色彩层次十分丰富；石材、镜面及的搭配彰显出轻奢的现代风格。

图4

爵士白大理石给人带来洁净的效果，与浅棕色壁纸搭配，质感突出。

1

视墙最突出的亮点是其强大的收
功能；黑色烤漆玻璃的大量运用
视觉效果更加饱满，更有个性。

2

色调的壁纸为客厅营造出温馨舒
的氛围，极富创意的墙饰是墙面的
饰亮点，使墙面设计更有层次。

3

色墙面在灯光的衬托下更显洁
的美感，彰显了现代风格居室简
、大气的格调。

4

面搁板的设计造型十分别致，搭
精美的工艺品摆件，使整个墙面
设计层次更加丰富，更有个性。

壁饰
用金属圆盘作为墙面装饰，更显
空间的别致与新颖。
参考价格：80~120元

黑色烤漆玻璃

木纹玻化砖

条纹壁纸

木质花格贴银镜

石膏板拓缝

有色乳胶漆

艺术墙砖

艺术墙砖的装饰效果精致、多变,既能展现异域风情,也可以塑造别样的年代感与艺术情怀。

👍 优点

艺术墙砖比普通墙砖更具有装饰效果,其采用当代先进的印刷技术,加上特殊的制作工艺,可以把任意图案印制到不同材质的普通墙砖上,让每一片墙砖成为一件艺术品。艺术墙砖的运用大大提升了整个空间的艺术感,为空间带来了无限的乐趣。

❗ 注意

艺术墙砖可以整墙铺设,也可以局部铺设,整铺时应注意与地面颜色的搭配,避免用色过度使空间显得过于沉闷;局部铺设时可以定制自己喜欢的图案,由于定制的艺术墙砖价格较高,小面积的运用便能成为墙面装饰的点睛之笔。

★ 推荐搭配

定制墙饰+大理石装饰线+壁纸

定制墙饰+大理石装饰线+乳胶漆

图1

定制墙砖的装饰效果极佳,定制图案比传统墙饰更有趣味性,让电视墙呈现的视觉效果更加丰富多姿。

① 艺术墙砖

② 泰柚木饰面板

③ 木质搁板

④ 灰镜装饰线

⑤ 直纹木饰面板

1

视墙的造型极富个性, 弧形石膏
搭配黑色烤漆玻璃, 色彩层次分
, 设计造型新颖别致。

2

视墙以茶色为主色调, 少量银色
插其中, 使色彩层次更加丰富。

3

色墙漆搭配白色电视柜, 彰显出
代风格居室整洁利落的特点。

4

规则图案的密度板拼贴装饰的电
墙, 装饰效果极佳, 白色与淡绿
搭配清新淡雅, 使整个客厅的氛
简洁有序、自然美观。

壁饰
梅花形状的装饰, 让墙面设计更
有层次感。
参考价格: 200~240元

黑色烤漆玻璃

白色乳胶漆

茶色镜面玻璃

直纹斑马木饰面板

有色乳胶漆

羊毛地毯

① 有色乳胶漆
② 木质搁板
③ 白色乳胶漆
④ 条纹壁纸
⑤ 米白色洞石
⑥ 银镜装饰条

整体电视柜
整体电视柜的收纳与整体感，让客厅更加整洁。
参考价格：2000~3800元

图1

搁板与吊柜的组合，让电视墙更多变，满足装饰效果的同时兼具强大的功能性。

图2

石膏板的造型为简单的客厅增添一份趣味性，白色与浅棕色的对比呈现的视觉效果明快而不失柔和。

图3

黑白灰三色搭配，让电视墙的色彩搭配有一定的层次感，彰显出现代风格的精致简约。

图4

洞石与银镜让电视墙设计层次十分丰富，白色印花定制墙砖的运用使墙面设计更具有美感。

〉有色乳胶漆
〉直纹斑马木饰面板
〉黑白根大理石
〉密度板肌理造型
〉灰色网纹大理石
〉白枫木装饰线

1

视墙的设计线条十分简洁，S形
搁板造型搭配素色墙漆，既充满
性又具有良好的功能性。

2

电视墙设计成半隔断造型，是整
客厅设计的焦点，保证空间有效
割的同时，也体现了造型设计的
出心裁。

3

视墙面的密度板拼贴方式颇具个
，黑白相间，从设计造型到色彩
十分有层次感。

4

灰色大理石在灯带的衬托下装饰
果更佳，体现出现代风格简洁大
的美感；两盏复古壁灯的运用，
显出别样的混搭韵味。

坐墩
方形布艺坐墩色彩稳重，也保证
了使用的舒适度。
参考价格：200~400元

① 白色亚光墙砖

② 雕花银镜

③ 不锈钢收边条

④ 浅灰色网纹大理石

⑤ 有色乳胶漆

⑥ 白色板岩砖

落地灯
方形羊皮纸灯罩的落地灯造型
简洁、光线柔和，营造出一个舒
适的待mk空间。
参考价格：300~400元

图1

白色与木色搭配的电视墙，给人带
来极简的美感，雕花银镜的运用让
视觉效果层次得到提升。

图2

电视墙面的选材考究，设计层次丰
富，彰显出现代风格硬朗又不失细
致的美感。

图3

米色与白色营造的空间整洁干净，通
透的户型设计使视野层次得到延伸。

图4

镜面在光影的烘托下赋予空间更
多变的视觉效果；白色石膏板与板
岩砖的运用让墙面选材更加丰富
更有质感。

水晶吊灯
方形水晶吊灯简洁而唯美，为现代风格的居室带来梦幻的美感。
参考价格: 2000~3000元

1

棕色的电视墙彰显出典雅的美，白色干支花艺的装饰，提升了彩层次的同时，也体现了主人独的审美格调。

2

丁、餐厅整体使用米色与白色为背色，墙面搭配简洁的线条进行装简约而不失具有个性的美感。

3

视墙采用黑、白、灰三种颜色进荟配，色彩层次分明；黑色烤漆离的运用是其中的亮点，让墙面十简约大气。

雪弗板雕花隔断
中花白大理石
密度板拓缝
木质搁板
黑色烤漆玻璃
与色乳胶漆

[实用贴士]

如何设计电视墙的整体照明

电视墙的整体光线不宜过强。因为电视本身是一个发光设备，如果墙面的灯光亮度过高，就会让观看电视的人的视线受到干扰，时间久了会引起视觉疲劳。鉴于此，建议电视墙的照明设计以漫射灯光为主，并结合整个室内的装饰风格来烘托气氛。局部可以用射灯点缀，但不宜过多、过密。现代住宅设计中常以简洁的灯光装饰电视墙，往往也能取得良好的效果。如仅仅使用一盏或几盏射灯照亮一个局部或一个壁龛，人们的视线很容易被吸引到灯光所照的位置。电视墙常选用的光源有筒灯、射灯、节能灯管、格栅射灯等，格栅射灯亮度高、散热大，在安装的时候要注意与易燃材料保持距离。

装饰材料

雕花烤漆玻璃

雕花烤漆玻璃是一种极富表现力的装饰玻璃品种，附着力极强，健康安全，色彩可选性高，耐污性强，易清洗。

👍 优点

雕花烤漆玻璃能够依靠花纹肌理造型、密疏的效果展现不同的韵味，营造出高贵柔和的效果，也能给人以半透明、模糊的感觉，使个性设计无限展露。

❗ 注意

雕花烤漆玻璃因为自身材质的原因，会给一丝冰冷的感觉，因此若要大面积地运用，则考虑与壁纸、木材、硅藻泥等一些能给人带来暖触感的材料组合运用。

★ 推荐搭配

雕花烤漆玻璃+木质装饰线+乳胶漆

雕花烤漆玻璃+壁纸+木质装饰线

图1

电视墙选用茶色雕花玻璃作为装饰，表现出饱满富有层次的视觉效果，让整个空间的氛围极富张力。

① 雕花烤漆玻璃

② 木质踢脚线

③ 白枫木装饰线

④ 车边银镜

⑤ 实木装饰线密排

⑥ 密度板拓缝

电视柜
木色电视柜典雅大气,造型简洁,缓解了电视墙的杂乱感。
参考价格: 180~240元

银镜装饰线

石膏板拓缝

密度板拼贴

有色乳胶漆

装饰灰镜

1

化玻璃与金属线条装饰的电视
，装饰效果强烈炫目,并在一定
变上增大了视觉空间感。

2

膏板与素色墙漆装饰的电视墙,
催又不失层次感。

3

中色彩的密度板拼贴而成的电视
视觉效果张扬、饱满,彰显了主
个性品位。

4

膏板的不规则造型设计呈现出富
个性的装饰效果,与灰镜进行搭
使整个墙面的设计更富有质感。

图1

电视墙设计造型简洁，通过黑色与白色明快的对比，给人带来强烈的视觉冲击感。

图2

整体陈列柜装饰的电视墙，彰显出中式风格规整的美感，中花白大理石的运用缓解了黑色带来的压抑感。

图3

仿岩涂料的表现纹理十分突出，与镜面形成鲜明的对比，彰显出现代风格别具一格的特点。

图4

米色与白色装饰的电视墙整洁清爽，灯光的衬托让壁纸的纹理更突出，展现出一种简洁柔和的美感。

吊灯
仿中式宫灯造型的吊灯展现出现代中式居室的时尚与个性。
参考价格: 800~1200元

① 黑色烤漆玻璃
② 石膏板拓缝
③ 中花白大理石
④ 深咖啡色网纹大理石波打线
⑤ 仿岩涂料
⑥ 条纹壁纸

①

晶珠帘有效地进行了区域划分，
时也营造出一个梦幻又富有浪漫
息的空间。

②

面与石材穿插运用，使电视墙的
计更有层次感。

③

色板岩砖的运用让电视墙的视觉
果极富质感；树干造型的雕花烤
玻璃更加凸显了材质的美感，让
面更显活力和层次感。

④

木色的实木质量呈现出自然雅致
美感，用来作为电视墙更加凸显
设计的别出心裁。

水晶吊灯
异形水晶吊灯的别致与新颖增
强了空间美感。
参考价格：1800~2200元

水晶装饰珠帘

装饰银镜

雕花烤漆玻璃

白色板岩砖

实木装饰立柱

有色乳胶漆

① 镜面锦砖
② 米色亚光墙砖
③ 木质搁板
④ 肌理壁纸
⑤ 黑色烤漆玻璃
⑥ 灰白色洞石

陶瓷摆件
抽象的陶瓷摆件让空间搭配更
有个性。
参考价格: 80~120元

图1

银色镜面锦砖的点缀让墙面的设计
层次更加丰富, 也让两种材质的
感更加突出。

图2

木色电视柜旁摆放绿色植物, 为空
增添了些许生机, 带来了自然气息。

图3

电视墙设计采用强烈的黑白对比
让空间色彩搭配更有层次感; 祥
造型的墙饰为空间增添了一份古
美感。

图4

洞石的纹理及层次分明, 质朴
约, 为客厅增添了素雅的气息。

饰材料

镜面锦砖

镜面锦砖的外观有无色透明的、着色透明、半透明的，还有带金色、咖啡色的。它的稳定强、不变色、不积尘、重量轻、黏结牢固，是目较受欢迎的安全环保建材。

优点

镜面锦砖是最小巧的装修材料，但它的装饰果却可以千变万化，可能的组合变化非常多，可让空间的装饰效果更加丰富。在一般的家庭装中，通常采用纯色或点缀的铺贴手法，画龙点的同时也不会显得过于夸张、炫目。

注意

电视墙若选用镜面锦砖作为装饰材料，可以患和木质板材进行组合运用，以缓解镜面锦砖反光带给人的冰冷感。

推荐搭配

镜面锦砖+木质饰面板

镜面锦砖+壁纸+乳胶漆

镜面锦砖表面泛着银光，与白色护墙板搭配，质感突出，表现出现代欧式风格的华美与气质。

① 镜面锦砖
② 白枫木饰面板
③ 银镜装饰线
④ 装饰硬包
⑤ 白色板岩砖
⑥ 羊毛地毯

① 中花白大理石
② 米白色洞石
③ 印花壁纸
④ 白色乳胶漆
⑤ 有色乳胶漆
⑥ 强化复合木地板

图1

矮墙式的电视墙设计，有效地分
出空间区域，顶面的吊柜设计让
计造型更丰富。

图2

电视墙面运用多层搁板设计，具
强大的收纳功能，精美的摆件
籍等让电视墙呈现的视觉效果更
丰富。

图3

白色石膏板的运用有效缓解了印
壁纸给视觉带来的密集感，一个
繁的对比，个性十足。

图4

彩色墙漆呈现出饱满的视觉效
彰显了现代风格用色的大胆，
色搭配对比明快，缓解了大面
色所带来的压抑感。

不锈钢茶几
不锈钢材质的茶几个性、时尚，
彰显出现代风格的美感。
参考价格：1000~1200元

吊灯
多头吊灯的设计别致新颖，彰显了现代风格的时尚美感。
参考价格：1200~1600元

1
理石的纹理层次十分丰富，简约直线条更加凸显了天然石材独具格的装饰效果。

2
面精美雕花图案搭配造型简洁白色石膏板，让电视墙的设计简而不简单。

3
面在光影的照射下显得质感十，树干造型的板材与之搭配，增了客厅的现代气息与时尚感。

4
面与人造大理石的搭配使整个电墙通透又富有质感，表现出现代格简洁大气的美感。

云纹大理石
雕花银镜
石膏板拓缝
木纹大理石
密度板树干造型贴灰镜
装饰灰镜
白色人造大理石

① 条纹壁纸
② 艺术墙砖
③ 立体艺术墙贴
④ 木质花格
⑤ 强化复合木地板
⑥ 装饰硬包

陶质花瓶
复古的陶质花瓶为时尚的空间注入一份朴质之感。
参考价格：80~120元

图1

艺术墙砖的色彩层次分明，纹理富，让整个客厅空间的艺术感十足

图2

精致的墙贴彰显了搭配的精心与位，与素色墙漆形成鲜明对比，电视墙的设计层次更加突出。

图3

以木色与白色为主色的客厅空间点缀少量的灰色与黑色，营造出净而温馨的家居氛围。

图4

嵌入式书柜是电视墙设计的亮点精美的摆件和书籍增添了客厅的术气息。

不锈钢条
爵士白大理石
雪弗板雕花
木纹大理石
装饰黑镜
彩色硅藻泥

1

士白大理石带来洁白通透的视
感，大幅的石材使空间整洁而舒
，不锈钢条穿插其中，更显洁净
亮。

2

光的衬托使木纹大理石的纹理
加丰富，质感更加突出，与镜面
配，大大提升了空间的品位。

3

视墙的设计十分简洁，采用环保
藻泥作为装饰，再利用光影的作
来突出质感，让整个客厅的氛围
加轻松愉悦。

饰品摆件
几何造型的饰品摆件，凸显了现
代风格的个性。
参考价格：60~120元

[实用贴士]

如何设计电视墙的局部照明

电视墙的局部照明在现代家庭中很实用，因为它不但可以营造浪漫、温馨的气氛，还可以充分发挥照明的美化作用，并且可以保护视力。暖色调的灯光可以与任一种墙面颜色相配合，如顶棚采用白色，再用暖色光源来配合做出"轮廓"效果，使电视墙更具层次感，而且在具体使用时还可以根据需要选择开关部分照明灯，以节约用电。

装饰材料

艺术墙贴

　　艺术墙贴是用不干胶贴纸设计和制作成现成的图案,只需要动手贴在墙面、玻璃、瓷砖或者其他实物表面即可。

👍 优点

　　艺术墙贴的种类非常多,可以用来代替彩色手绘,更换起来非常方便,很适合喜欢保持新鲜感的年轻人。

❗ 注意

　　艺术墙贴不适合用在不平整的墙面、壁纸墙面及易掉落灰尘的墙面。粘贴时,应确保贴合面干净、平整,粘贴前可以使用干净的湿布将墙面擦拭干净,待干透后再将墙贴粘贴上去。为了避免粘贴不理想,可先轻压稍微固定,观察整体比例与位置;确定位置后,再用力紧压固定。

★ 推荐搭配

　　艺术墙贴+乳胶漆

　　艺术墙贴+木质饰面板

图1

简单的墙面设计,通过艺术墙贴的装饰,呈现出简洁而不失优雅的美感。

① 艺术墙贴

② 有色乳胶漆

③ 白橡木饰面板

④ 强化复合木地板

⑤ 装饰黑镜

⑥ 陶瓷锦砖

个性型客厅装饰材料

　　充满个性的客厅中，比较讲究材料自身的质地和色彩的搭配效果，拓展材料的使用范围，常将木地板、地砖等地面装饰材料设计到墙面或顶面上，以彰显主人非凡的品位与个性。

① 黑色烤漆玻璃

② 强化复合木地板

③ 有色乳胶漆

④ 装饰黑镜

⑤ 爵士白大理石

⑥ 中花白大理石

图1

以浅色系为背景色的客厅中，家具选用深色，让整体的色彩层次更加突出，视觉效果更加饱满。

图2

沙发墙面的组合装饰画是整个客厅中最具个性的装饰，打破了配色的单调感。

图3

沙发墙采用大面积的黑镜作为装饰，大胆又不失质感，与电视墙面的石材色彩形成鲜明对比，彰显出现代风格居室不凡的表现力。

图4

中花白大理石与淡绿色钢化玻璃相搭配，为客厅增添了一份简洁、明快的美感。

① 有色乳胶漆

② 密度板拓缝

③ 木纹亚光玻化砖

④ 米色板岩砖

⑤ 艺术地毯

⑥ 水曲柳饰面板

⑦ 强化复合木地板

图1

搁板与电视柜的设计体现了电视墙
配的整体感；白色、灰色、黑色的色
搭配表现出现代风格整洁的美感。

图2

客厅的整体设计简单而不失雅致
沙发墙面的装饰极富艺术感，体
空间个性的同时尽显轻奢的美感

图3

以米色为背景色的空间尽显安逸
白色与绿色点缀其间，让整个空
的氛围自然且温馨。

图4

浅木色与灰色搭配出轻松惬意的
间氛围，装饰画、灯饰及布艺抱枕
点缀让整个客厅更有协调感及美感

吊灯
带有透明玻璃灯罩的吊灯通透
明亮，造型别致。
参考价格：1200~1600元

○ 条纹壁纸
○ 有色乳胶漆
○ 密度板混油
○ 强化复合木地板
○ 混纺地毯

11

面不规则的吊灯呈现出后现代的
术感，与地面的几何图案地毯上
呼应，给空间增添了个性色彩。

12

个客厅的色彩清新亮丽，张扬着
春活力；电视墙、电视柜、地毯、短
发等在色彩上形成呼应，带来视觉
的跳跃感，彰显了空间的张力。

13

视墙面设计成多宝阁造型，兼顾
功能性与装饰性；布艺元素及小
具的色彩十分跳跃，为客厅空间
添了一份活跃感。

钢化玻璃茶几
方形钢化玻璃茶几通透感强，彰
显了现代风格的时尚性。
参考价格：1000~1400元

[**实用贴士**] **客厅设计的基本要求**

（1）视觉的宽敞化。在客厅设计中，打造宽敞的视觉感受非常重要，宽敞的空间可以给人带来轻松的心境和欢愉的心情。

（2）空间的最高化。客厅是居室中最主要的公共活动区域，不管是否做人工吊顶，都必须确保空间的最高化。客厅应是居室中净高最大的区域，这种最高化包括通过使用各种视错觉处理达到的效果。

（3）景观的最佳化。在室内设计中，必须确保从各个角度所看到的客厅都具有美感，客厅应是整个居室中最漂亮、最有个性的区域。

（4）交通的最优化。客厅的布局应该考虑交通的便利性。无论是从侧边通过，还是从中间横穿，其交通流线都应顺畅。

① 胡桃木饰面板
② 米色亚光地砖
③ 有色乳胶漆
④ 木纹玻化砖
⑤ 白枫木饰面板

组合茶几
组合茶几的造型十分别致，线条流畅，搭配合理，彰显了现代风格的时尚美。
参考价格：800~1200元

图1
绿色植物的运用缓解了暗暖色的压抑感，白色组合茶几与造型各异的饰品摆件为传统风格空间增添了一份现代个性的美感。

图2
皮质沙发、灯饰及木作家具展现出工业风的复古情怀，浓郁沉稳的色彩让空间的基调更富有沧桑的美感。

图3
球形水晶吊灯是客厅中最亮眼的装饰，为浅色调的空间带来梦幻般的视觉感受。

图4
绿色植物的点缀，为黑白色调的客厅增添了一份自然且温馨的感受。

1

色印花壁纸与白色石膏板搭配在
起，整体基调温馨又不失清新自
。石膏板的造型体现了设计的细
，为客厅增添了一丝趣味。

2

意造型的几何墙饰增添了客厅的艺
感，凸显了软装搭配的巧妙用心。

3

色与白色所形成的明快对比，有
缓解了浅咖啡色给客厅带来的单
感。

4

发墙面采用陶瓷锦砖进行装饰，
饰意味浓厚，斑驳的饰面颇具艺
气息。

壁饰
几何图案的装饰品为淳朴的客
厅空间增添了一份活力与个性。
参考价格：200~240元

印花壁纸

石膏板

米色网纹大理石

白桦木饰面板

密度板拓缝

陶瓷锦砖

① 中花白大理石

② 木纹玻化砖

③ 印花壁纸

④ 白色乳胶漆

⑤ 白松木板吊顶

⑥ 文化石

图1

沙发墙的墙饰彰显了客厅搭配的性美，也让整个空间的色彩层次加明快。

图2

深灰色布艺沙发让整个客厅的基趋于沉稳，与白色地砖的搭配更现代风格硬朗明快的美感。

图3

彩色复古图案的布艺抱枕及短沙是整个客厅配色的亮点，也为空注入浓郁的民族风情。

图4

蓝色与白色是地中海风格中最典的配色，使整个客厅都洋溢着新、自由与浪漫的氛围。

布艺沙发
米黄色布艺沙发为客厅营造了一份安逸舒适的氛围。
参考价格：2000~2400元

1

个客厅的格调十分温馨,少量的
色、绿色等跳跃的色彩为空间增
了一份活跃的美感。

2

厅的设计简约大气,黑色装饰线
简洁明快,穿插装饰在白色墙砖
米色壁纸之间,赋予墙面极佳的
次感。

3

白色和米色为背景色的客厅中,
色茶几与边几的运用显得自由随
,搭配简约怀旧的地毯、装饰画
灯饰,使整个空间的氛围更加休
舒适。

4

色与黑色的色彩搭配,演绎出现
风格的轻奢美感。

吊灯
六头吊灯线条流畅,给空间增添
了几分精致和优雅。
参考价格: 1200~1400元

白枫木装饰线
艺术地毯
白色板岩砖
布艺硬包
米白色玻化砖
印花壁纸

印花壁纸

印花壁纸具有色彩多样、图案丰富、豪华派、安全环保、施工方便、价格适宜等众多优点，这是很多其他室内装饰材料所无法比拟的，体现了视觉与触觉上的质感。

👍 **优点**

在充满现代气息的客厅中，为了凸显居住的个性与品位，可以选择不同风格的印花图案壁纸来彰显居家装饰的个性主题，让生活更加丰富多彩。

❗ **注意**

由于空调房空气比较干燥，容易导致壁纸背的黏胶干裂。因此，在壁纸铺贴3天内，应保持其在然状态下风干，这样可以使壁纸的使用寿命更长。

⭐ **推荐搭配**

印花壁纸+木质装饰线

印花壁纸+木质饰面板

印花壁纸+石膏板拓缝

图1

电视墙印花壁纸的图案十分富有生趣，让简洁的墙面设计更显层次。

① 印花壁纸
② 艺术地毯
③ 彩色硅藻泥
④ 有色乳胶漆
⑤ 白色玻化砖

泰柚木饰面板

黑镜装饰线

装饰硬包

条纹壁纸

中花白大理石

陶质板岩砖

黑色亚光玻化砖

1

材与木材的融合恰到好处，体现现代风格居室贵气又不失自在的感。

2

灰色的装饰硬包提亮了整个客的色彩；深色描金雕花茶几、灯、地毯等为空间增添了一份高雅息。

3

发墙的抽象装饰画为客厅注入了尚气息；三色条纹壁纸、柔软的艺沙发，配上各种色彩的抱枕，与一番精致格调。

4

黑白灰为基调的客厅体现了工业的复古和冷静，彩色家具的运用到好处地平衡了空间的硬朗和冰从色彩角度丰富了空间，活跃见觉。

① 中花白大理石
② 米色亚光玻化砖
③ 灰白色网纹大理石
④ 木纹玻化砖
⑤ 有色乳胶漆
⑥ 白色乳胶漆

图1

中花白大理石在灯光的衬托下更洁净，清晰的纹理让设计造型简的电视墙的视觉效果更佳。

图2

灰色、黑色与白色搭配出现代风简约明快的色彩特点，合理的材搭配，在灯光的衬托下更显质感。

图3

装饰画、灯饰、地毯、抱枕等软元素的组合运用，为浅色调的客增添了一份稳重感。

图4

以米色与白色为主调的客厅简洁不失自然韵味，彰显出现代极简义的格调。

箱式坐墩
坐墩的造型简洁大方，仿皮纹面料也为空间色彩搭配提供了一定的层次感。
参考价格：200~300元

泰柚木饰面板
白色网纹玻化砖
浅灰色网纹大理石
雕花银镜
艺术地毯
黑色烤漆玻璃
强化复合木地板

的整体设计简约大气,原木色搭
色布艺沙发素雅清净,造型别致
品摆件赋予空间个性的美感。

以浅灰色为主色调,整个空间
过多的造型,利用后期软装来
效果,灯饰、画品、家具等都使
显得更加别致。

墙的三联装饰画增添了客厅的
气息,米黄色墙漆搭配米白色
沙发,柔软舒适,别有一番休
意味。

墙采用环保硅藻泥作为装饰,搭
何造型的镜面,极具艺术感。

艺沙发
艺沙发的条纹图案为空间增
了一份律动的美感。
考价格: 2000~2200元

① 彩色硅藻泥
② 米色洞石
③ 装饰灰镜
④ 有色乳胶漆
⑤ 无缝饰面板吊顶
⑥ 白色硅藻泥壁纸
⑦ 白色板岩砖

图1

电视墙两侧装饰银镜的运用使理石的质感更加突出，装饰效果加多变。

图2

客厅的选材十分考究，色彩搭配协调，彰显了现代风格奢华的一面

图3

灰镜与白色石膏板相搭配，让电视的色彩与造型都得到了有效地提升

图4

黑色与白色的对比，表现出极强视觉冲击力，木色、绿色的点缀使整个空间的色彩搭配更显和谐

皮质沙发
皮质沙发的造型简洁大方，展现出现代工业风的美感。
参考价格：3000~4000元

饰材料

石膏顶角线

顶角线也叫阴角线，它不是单纯的一条线，是建筑材料的一种，因其作用的位置而得名，就是墙面和天花板吊顶相结合的地方，会因为料选择或者颜色区分在人们的视觉上明显感觉条线的轮廓。

优点

石膏顶角线相比实木顶角线的可塑性能更款式造型更加多变，常见的有浮雕造型、雕造型、错层造型、圆角造型等，装饰效果十分观，且可搭配使用的材料非常多，如乳胶漆、硅尼、壁纸等。

注意

石膏顶角线成45°斜角连接，拼接时要用并用防锈木螺钉固定。防锈木螺钉打入石膏内，并用腻子抹平。石膏顶角线应平整、顺直，导出现弯曲、裂痕、污痕等。固定石膏顶角线用累钉须为防锈制品。

推荐搭配

石膏顶角线+石膏板+乳胶漆

石膏顶角线+石膏板+硅藻泥

石膏顶角线+石膏板+壁纸

墙面没有多余复杂的图案，选用环保硅藻泥作为装昔层石膏顶角线让墙面与顶面的衔接更有层次感。

① 石膏顶角线
② 彩色硅藻泥
③ 黑胡桃木饰面板
④ 羊毛地毯
⑤ 强化复合木地板
⑥ 中花白大理石
⑦ 艺术地毯

装饰画
街景题材的装饰画为空间注入
一份现代摩登感。
参考价格：100~120元

图1

深色家具让客厅的基调趋于沉稳，
装饰画、布艺抱枕、灯饰的点缀，
显出现代生活的精致品位。

图2

装饰画的色彩与创意彰显个性，
是整个空间最吸睛的装饰亮点。

布艺沙发
布艺沙发的线条简洁流畅，营造
出一个舒适自然的空间氛围。
参考价格：2000~2600元

[实用贴士] **客厅吊顶的色彩设计**

（1）吊顶颜色不能比地板深。选择吊顶颜色的最基本法则就是色彩最好不要比地板深，否则很容易让人产生头重脚轻的感觉。如果墙面色调为浅色系，则用白色吊顶比较合适。

（2）如果墙面色彩强烈，则最适合用白色吊顶。一般而言，使用白色吊顶是最保险的做法，尤其是当墙面已有强烈色彩的时候，吊顶选用白色可以使墙面色彩更加突出，也不会因为色彩过多而产生紊乱的感觉。

① 有色乳胶漆
② 木质搁板
③ 木纹大理石
④ 肌理壁纸
⑤ 艺术地毯
⑥ 浅灰色网纹玻化砖

1

厅的设计十分简约,白色石膏搭
原木饰面板,简洁而温馨;几何图
的地毯是整个客厅的色彩担当,
整个空间的色彩层次得到提升。

2

发墙的装饰画无论是色彩,还是
列方式都极具装饰性,是整个客
的设计亮点。

3

色家具及精美的配饰很好地缓解
白色的单调感,让客厅更有视觉冲
力。

4

漆玻璃与中花白大理石装饰的电
墙,色彩对比强烈,呈现出极佳
装饰效果。

组合装饰画
装饰画采用放射型排列方式,让
空间更有活力。
参考价格: 200~400元

石膏板拓缝

泰柚木饰面板

云纹大理石

强化复合木地板

白色乳胶漆

黑色烤漆玻璃

中花白大理石

① 有色乳胶漆
② 混纺地毯
③ 仿古砖
④ 装饰硬包
⑤ 木纹玻化砖
⑥ 无缝饰面板
⑦ 羊毛地毯

图1

整个空间的配色呈现出工业风复古的美感；灯饰、画品、家具让空间有年代感。

图2

电视墙的设计简单，装饰材料的质感为客厅注入一份质朴的美感。

图3

浅棕色无缝饰面板呈现出无与伦比的整体感，彰显了现代风格家居材的格调与品位。

图4

白色墙面搭配木色地板，将极简主义进行到底，柔软的布艺沙发、抱枕、地毯保证了空间的温馨与舒适。

布艺抱枕
彩色布艺抱枕是整个空间色彩搭配的亮点。
参考价格：20~80元

- 爵士白大理石
- 装饰硬包
- 密度板拓缝
- 白枫木装饰线
- 陶瓷锦砖
- 白色板岩砖

1

个客厅的装饰都以黑白两色为主，简洁明快的对比，让整个空间显出个性时尚的美感。

2

厅中的硬装设计简单，彰显出软搭配的精细；柔软的布艺沙发搭蓝色抱枕，在灯光的衬托下，营出一种安静优雅的氛围。

3

发墙选用印花壁纸搭配白色护墙作为装饰，大幅装饰画提升了空的艺术气息；多种色彩的软装配营造出丰富的色彩层次。

4

色裸砖、裸露的管线、自行车墙等充满个性的装饰，展现出工业的不凡格调。

收纳坐墩
坐墩的收纳功能让客厅的空间得以释放。
参考价格：120~200元

装饰画
尺寸不一的不规则装饰画,让空间显得更加活跃。
参考价格: 20~60元

① 有色乳胶漆

② 实木地板

③ 木质装饰横梁

④ 红砖

⑤ 柚木饰面板

⑥ 浅灰色亚光玻化砖

图1

客厅没有做任何设计造型,一只适的布艺沙发、几组精致的灯饰自由摆放的饰品,搭配出一个休适宜的客厅空间。

图2

裸露的红砖是整个客厅设计的点,装饰效果极佳,同时也提升整个空间的色彩层次。

图3

米色与灰色、黑色相搭配,让整个间的色彩搭配显得十分和谐舒适。

图4

客厅中的色彩搭配十分用心,体互补的同时也彰显了简约风格简而不简单的美感。

1

视墙的壁龛式设计集功能性与饰性于一体，也彰显了空间设计整体感。

2

视墙面石材的拼贴方式别具一，增强了装饰感；精美的灯饰、家、地毯共同打造出一个优雅温馨空间氛围。

3

灯的造型十分别致，为雅致的客曾添了一份复古的后现代美感。

4

个客厅的配色简洁大气，以黑、白、为主，加以金属色的点缀，更加彰了现代风格硬朗、整洁的美感。

吊灯
吊灯采用磨砂玻璃灯罩，营造出一份舒适浪漫的空间氛围。
参考价格：1200~1600元

条纹壁纸

无缝玻化砖

米白色洞石

艺术地毯

黑色烤漆玻璃

黑白根大理石波打线

吊灯
创意吊灯为空间增添了无与伦比的个性美。
参考价格：1000~1200元

① 无缝饰面板
② 灰白色网纹玻化砖
③ 石膏板拓缝
④ 白色乳胶漆
⑤ 人造大理石
⑥ 有色乳胶漆
⑦ 羊毛地毯

图1

清新的原木风让整个客厅的整体非常强，创意吊灯、渐变色的地让客厅更显个性。

图2

绿植、装饰画、抱枕、饰品摆件等装元素的精心搭配，缓解了白色单调感。

图3

人造大理石突出的纹理让电视墙装饰效果更佳，展现出一种斑驳美感。

图4

彩色的布艺软装元素赋予空间更丰富的视觉效果，也彰显了现代格用色的大胆与前卫。

1

洁大气的灰色让客厅的氛围更
时尚，大幅装饰画的色彩饱满张
，让客厅的色彩氛围更加活跃。

2

厅以米色为背景色，整体造型简
，浅灰色布艺沙发与白色家具、
饰完美搭配，使得整个空间大气
雅致。

3

面的运用打造出一个简洁通透的
厅空间，与灯光搭配在一起，装
效果更富有变化。

4

色条纹壁纸营造出典雅舒适的空
氛围，沙发墙用一组装饰画来点
简单优雅。

中花白大理石
艺术地毯
米色玻化砖
镜面装饰吊顶
灰白色网纹玻化砖
石膏板拓缝

单人沙发
明黄色单人布艺沙发是整个空
间配色的亮点。
参考价格：800~1200元

装饰画
色彩斑斓绚丽的装饰画, 很好地体现了空间搭配的个性与品位。
参考价格: 200~300元

① 印花壁纸
② 装饰灰镜
③ 水曲柳饰面板
④ 艺术地毯
⑤ 有色乳胶漆
⑥ 爵士白大理石

图1

装饰镜面的运用让电视墙的表现有张力; 沙发墙面的装饰画色彩富且浓郁, 很好地提升了空间的色层次。

图2

木色、米色与浅灰色搭配的空间,围和谐, 轻松安逸; 坐墩、墙饰、灯等软装元素赋予空间十足的个性。

图3

造型别致的墙饰, 让沙发与墙面搭配更有层次。

图4

布艺元素、装饰画、灯饰、家具处多种色彩的点缀, 让客厅的色表现更有张力。

米色玻化砖

玻化砖由石英砂、泥按照一定比例烧制，然
将其打磨光亮而成，它是所有瓷砖中最硬的一
，在吸水率、边直度、弯曲强度、耐酸碱性等方
都优于普通釉面砖、抛光砖及一般的大理石。

优点

米色调的玻化砖色彩柔和，砖体之间没有明
的色差，质感优雅，性能稳定，是替代天然石材
好的瓷制产品之一。它是家庭装修中比较百搭
一款装饰地材。

注意

选择玻化砖时，一定要注重其光洁度、砖体
色、分量以及环保性。砖体孔隙越小、结合得
紧密，表明光洁度就越好。光洁度越好，就说明
化砖的生产工艺越高。如今人们越来越重视环
，所以购买玻化砖的时候还要看产品的相关质
报告，尤其要看产品的辐射性指标。

推荐搭配

米色玻化砖+木质踢脚线+地毯

米色玻化砖+人造石踢脚线+地毯

1

色玻化砖装饰的地面，营造出一个简约、洁净的空间
围。

① 肌理壁纸

② 米色玻化砖

③ 爵士白大理石

④ 黑胡桃木饰面板

⑤ 白色乳胶漆

⑥ 彩色硅藻泥

落地灯
铜质支架的落地灯,线条流畅简
洁,展现出现代风格的时尚美。
参考价格: 400~500元

① 木纹壁纸

② 强化复合木地板

③ 白色乳胶漆

④ 灰色玻化砖

⑤ 水曲柳饰面板

⑥ 艺术地毯

⑦ 米色亚光玻化砖

图1

木纹壁纸在灯光的衬托下,质感
佳;金属材质的墙饰彰显出现代风
格的个性与时尚。

图2

深色地砖与地毯的运用,让以白
为背景色的极简风格客厅多了一
归属感。

图3

绿色、蓝色、橙色抱枕的点缀,让
厅更富有情调,打破了木色与浅
所带来的清净感。

图4

清淡、素雅的客厅空间,装饰画、
具、灯饰的搭配运用,让客厅氛
更加温馨。

1

板与电视墙的设计上下呼应；精
的灯饰、布艺抱枕、装饰画、沙发
软装搭配，从细节上提高了居家
质。

2

个客厅的配色十分沉稳，几何图
的地毯让客厅显得更加饱满。

3

蓝色的墙漆搭配浅木色地板，营
出一个休闲安逸的空间氛围。

4

显陈旧的砖红色与米色，展现出
业风复古做旧的风格特点；彩色
艺饰品的点缀，为空间增添了一
主趣与活力。

彩色玻璃吊灯
彩色玻璃吊灯为整个空间注入
了梦幻、浪漫的气息。
参考价格：800~1200元

艺术地毯

密度板拼贴

强化复合木地板

有色乳胶漆

白色硅藻泥

工砖

① 黑色烤漆玻璃
② 爵士白大理石
③ 强化复合木地板
④ 木质搁板
⑤ 艺术地毯
⑥ 米色网纹玻化砖

手工编织花器
手工编织的花器，为空间注入了
一份清新自然的韵味。
参考价格：20~40元

图1

孔雀绿的陶瓷坐墩为现代欧式风
客厅增添了一份中式文化的传统
味，彰显出混搭的个性与别样美感

图2

心形排列的装饰画是整个空间装
的点睛之笔，展示了主人丰富的
活乐趣。

图3

白色墙面搭配木色家具和米色
砖，给人带来洁净的美感，精心
的软装饰品让空间氛围更显温馨

[实用贴士] **如何设计简洁的小客厅**

对于面积较小的客厅，一定要做到简洁，如果再置放几件橱柜，将会
使小空间显得更加拥挤。如果在客厅中摆放电视机，可将固定的电视柜改
成带轮子的低柜，不仅能够增加空间利用率，而且还具有较强的变化性。
小客厅中可以摆放装饰品或花草等物品，但要力求简单，能起到点缀效果
即可，尽量不要放铁树等大型盆栽。很多人希望能将小客厅装饰得宽敞、
通透，对此，可在设计天花板时不做吊顶，将玄关设计成通透式，以尽
量减少空间占用。

爵士白大理石

密度板树干造型贴银镜

肌理壁纸

米黄色网纹玻化砖

中花白大理石

石膏板拓缝

1

于以灰白色为主,白色石材与灰墙漆色彩对比明快,彰显出现代格的简洁与大气。

2

发墙采用米色硅藻泥作为装饰,保健康,搭配两幅黑白色调的装画,层次分明又不显得突兀。

3

花白大理石装饰的电视墙,纹理析,层次分明,彰显出简约时尚现代风格居室格调。

4

膏板的菱形倒角式拓缝造型,洁而富有装饰感,与深色印花纸搭配,让电视墙的设计更加层次。

矮柜式电视柜
电视柜的收纳功能让客厅显得更加整洁。
参考价格:1200~2000元

① 白色乳胶漆
② 艺术地毯
③ 米黄色网纹玻化砖
④ 泰柚木饰面板
⑤ 混纺地毯
⑥ 有色乳胶漆
⑦ 强化复合木地板

装饰画
水墨抽象装饰画为空间注入了极强的艺术感。
参考价格：200~400元

图1

布艺沙发、灯饰、装饰画、木质等软装元素的搭配，很好地缓解白色墙面给空间带来的单调感。

图2

以米色为主色的客厅中，白色的运用打破了空间的沉闷气打造出一个轻松舒适的空间氛

图3

客厅以木色和白色为主，灰色色的融入为客厅增添了一份感，一抹绿色的运用则为空间一份不可或缺的自然气息。

图4

小客厅的设计极为简单，低矮型家具让空间面积得以释放。

吊灯
8头铜质吊灯的线条简洁大方，暖色的灯光也增强了空间的舒适度。
参考价格: 1200~1600元

1
发墙选用淡绿色墙漆，在暖色灯的烘托下，显得清新又不乏暖意。

2
厅以浅色为背景色，搭配精心挑选深色布艺沙发、抱枕、地毯等布艺素，深浅搭配赋予色彩层次感。

3
艺沙发的颜色彰显出一种低调奢的美感；装饰镜面的运用很好地解了深色带来的沉闷感。

4
绘墙画的图案让客厅充满清新自的气息，也提升了整个空间色彩层次感。

有色乳胶漆
强化复合木地板
艺术地毯
密度板树干造型
装饰银镜
彩色硅藻泥

图1

大量木饰面板的运用，让空间的配更有整体感，同时也通过木材富的纹理呈现出极佳的装饰效果

图2

浅咖啡色与白色为背景色的客厅雅舒适，可以通过深色家具、装画、布艺饰品、灯饰等软装元素搭配来赋予空间配色的层次感

图3

原木风赋予客厅素雅舒适的感觉充满个性的墙饰及装饰画活跃了间的视觉效果。

图4

深色壁纸与木质电视柜的搭配，客厅的整体基调趋于沉稳；烛台吊灯为客厅增添了一份复古情怀

> **吊灯**
> 吊灯的线条简洁优美，彰显了现代风格的时尚感。
> 参考价格：1200~1600元

① 有色乳胶漆
② 泰柚木饰面板
③ 白色玻化砖
④ 石膏板拓缝
⑤ 艺术地毯
⑥ 木纹玻化砖
⑦ 银镜装饰线

饰材料

密度板拓缝

密度板是较好的人造板材之一,是将小口径木材打碎后加胶,在高温高压下压制而成的,可分为中密度板和高密度板。

优点

密度板具有质软、耐冲击、强度较高、压制后密度均匀、易加工等优点。密度板采用拓缝安装形式来装饰墙面,形式感极强,能够达到想不到的装饰效果。

注意

密度板的质量差异很大,在选购时要认真查。先看芯材质地是否密实,有无明显缝隙及朽变质的木条;再看周围有无补胶、补腻子的象;接着就是用尖嘴器具敲击同一板材不同部的声音,听一下是否有很大差异,如果声音有化,说明板材内部存在空洞。这些现象会使板整体承重力减弱,长期的受力不均匀会使板材构发生扭曲、变形,影响外观及使用效果。

推荐搭配

密度板拓缝+有色乳胶漆+木质装饰线

密度板拓缝+壁纸+木质踢脚线

色密度板简单的拓缝造型,给人利落整洁的视觉效让客厅更显整洁、干净。

① 密度板拓缝
② 黑白根大理石波打线
③ 布艺硬包
④ 浅灰色亚光地砖
⑤ 黑镜装饰线
⑥ 仿洞石玻化砖

立体墙贴
立体艺术墙贴让墙面设计更丰富，更有个性。
参考价格：120~200元

图1

灯光的运用让客厅墙面的装饰材更富有质感，彰显出极简风优美致的美感。

图2

客厅配色个性十足，富有张力，色墙漆让客厅呈现出热情、炫目视觉效果。

图3

木纹大理石与黑色皮质沙发让客的整体氛围尽显奢华、大气，也显出现代风格用色的大胆与前卫

图4

地毯的花色与小家具形成呼应，现了软装搭配的用心，同时也让间配色更有活力。

① 木纹壁纸

② 米色网纹玻化砖

③ 木纹大理石

④ 雕花茶镜

⑤ 米黄色洞石

⑥ 浅咖啡色网纹玻化砖

1

色胡桃木饰面板十分富有质感，
强了整个空间的色彩对比。

2

然原木与白色墙砖是工业风中完
的搭配，原始又不乏细腻的美感。

3

黄色墙漆营造出一个温馨舒适的
间氛围，灰色与彩色的点缀丰富
层次，让氛围更活跃。

4

可图案的地毯增加了客厅的舒适
与吊灯形成呼应，使空间的现
感十足。

壁饰
运用立体地图作为墙面装饰图案，
展现出主人独特的品位与个性。
参考价格：300~400元

黑胡桃木饰面板
支革软包
白色板岩砖
泰柚木饰面板
白色乳胶漆
强化复合木地板

吊灯
金属支架与磨砂玻璃灯罩相搭配，质感与美感并存。
参考价格: 1200~1600元

图1

木色赋予客厅温润的视觉感受，浅色布艺沙发则让空间基调略显时尚

图2

整个客厅中的软装搭配精细而富层次，大大地缓解了硬装部分的一与简洁。

图3

拓缝造型、木质花格、装饰线条元素的运用，让白色墙面的设计型更加丰富；装饰画、抱枕、小具、绿植等软装元素则让空间更有层次。

① 无缝饰面板
② 强化复合木地板
③ 木质搁板
④ 有色乳胶漆
⑤ 木质花格
⑥ 石膏板拓缝

[实用贴士]　　**小客厅的家具摆放原则**

　　小户型居室在家具安排上一定不要贪大，要量力而行，力求简约。在家具的摆放上也有一定的学问，要事先考虑到人行通道与家具之间的关系，让家具与主人活动的空间保持一定距离，尽量避免在空间上发生冲突。在小客厅中，家具的占地面积最好不要超过地面面积的 1/6，家具的材料可以适当选择一些透明或者半透明的材质，家具的体量能够满足使用要求即可。

　　如沙发可以选择只有坐垫和靠背而无扶手的款式，看上去会轻巧很多；再如电视柜的设计，其实在一块悬挑板上摆放必要的音响就可以，从立面构成线的造型，简洁明快；柜子尽量选择有柜门的，这样在视觉上显得更完整、更整齐。

白枫木装饰线
米色网纹大理石
条纹壁纸
木质花格
手绘墙画
艺术地毯

1

灰色墙漆搭配白枫木装饰线,简
大气;布艺沙发、木质家具、灯饰
软装元素的搭配让空间的色彩更
层次,氛围更加温馨。

2

纹大理石搭配成品收纳柜,让电
墙的设计简单又富有功能性。

3

浅色为主色的客厅中,彩色布艺
素的运用,让整个客厅的氛围温
舒适同时又富有色彩层次感。

4

观墙采用手绘图案作为装饰,层
分明,富有意境。

布艺抱枕
抱枕是整个空间的搭配亮点,为
客厅注入无限活力与生机。
参考价格:20~80元

① 白色乳胶漆

② 强化复合木地板

③ 艺术地毯

④ 无缝饰面板

⑤ 白色玻化砖

⑥ 装饰硬包

金属边几
金属支架的边几简洁大方,实用美观。
参考价格: 200~280元

图1

整个客厅的设计从硬装到软装,呈现出静态的美感,和谐的色调造出温馨舒适的氛围。

图2

深色沙发与立体金属墙饰让设计简的客厅看起来更有层次感; 布艺元的点缀很好地活跃了客厅的氛围。

图3

客厅以白色为基底,通过原木色富有特色的软装饰品,如金属饰、复古的灯饰、精美的摆件等,造出舒适又精致的家居氛围。

图4

棕色与白色的配色让客厅呈现出净又不失温馨的美感。

1

镜装饰线丰富了客厅电视墙的设
层次，与木饰面板搭配在一起，
型简洁大方。

2

个客厅的硬装设计十分简洁，软
的搭配富有个性，彰显了后现代
格的格调与品位。

3

白色调的客厅彰显了现代风格的
洁与大气。艺术墙贴的运用为空
增添了一份清新自然之感。

4

锈钢条的格栅造型让沙发墙的
计更有层次，木饰面板的运用为
于增添了暖意。

吊灯
吊灯的创意造型别致新颖，彰显
出空间搭配的个性与品位。
参考价格：1200~1800元

灰镜装饰线
直纹斑马木饰面板
有色乳胶漆
艺术墙贴
泰柚木饰面板
木纹玻化砖

图1

客厅的墙面设计不容小觑，打造一面富有个性的照片墙，将平时的影作品装饰其中，会大大提升整客厅的装饰效果。

图2

电视柜的设计造型十分别致，黑撞色的设计，在保证一定收纳功能同时，呈现出意想不到的装饰效果。

图3

客厅以灰色为主色调，通过木材、艺、金属、玻璃等不同材质来体现彩层次，使材料的质感更加突出。

图4

客厅的设计简洁大气，一只绿色发椅点缀其中，很好地丰富了客的色彩层次。

① 木纹壁纸

② 米色玻化砖

③ 木纹玻化砖

④ 木纹大理石

⑤ 白色乳胶漆

⑥ 石膏板拓缝

单人沙发椅
沙发椅的颜色明快，是整个空间搭配的亮点，为空间带来活力。
参考价格：500~800元

肌理壁纸
混纺地毯
水曲柳饰面板
艺术地毯
中花白大理石
装饰银镜
米黄色网纹玻化砖

1

厅墙面没有过多的设计造型，仅通壁纸本身的材质纹理作为装饰，显出现代风格的简洁与低调。

2

木色与米色为主色的客厅空间，馨而雅致，蓝色家具与绿色植物运用则增添了一份清新的韵味。

3

凸造型的电视墙设计十分有层次，中花白大理石、壁纸、软包的组及富质感。

4

色与绿色的搭配，营造出自然淳朴空间基调，白色布艺沙发的造型十划致，增添了客厅的时尚感。

单人沙发椅
沙发椅的色彩清淡自然，为空间注入一份清新的意味。
参考价格：600~800元

① 爵士白大理石
② 肌理壁纸
③ 装饰银镜
④ 有色乳胶漆
⑤ 实木地板
⑥ 羊毛地毯

边柜
带有手绘图案的边柜，既有收纳
功能，又有良好的装饰效果。
参考价格：800~1000元

图1

白色石材、白色墙漆、白色茶几
色布艺靠背，客厅中利用白色料
装与软装进行贯穿，体现出设计
整体感与搭配的和谐感。

图2

灯光的衬托让以浅色为背景色的
厅配色更有层次，营造的氛围更
温馨。

图3

客厅中的软装搭配功能性强，也
现出配色的层次感，增添了不规
户型的舒适性。

图4

客厅的整体设计遵循"少即是多
的原则，整体采用米色与木色
造出清爽淡雅的空间氛围。

1

饰面板与米色墙漆搭配，营造出一个温馨舒适的空间氛围；孔雀绿的布艺沙发为客厅增添了一份清的视觉感；充满个性的墙饰为客注入了不可或缺的活力与情趣。

2

灰色壁纸与茶镜装饰线相结合，约时尚又富有质感；柔软的彩色艺抱枕让空间色彩更有层次。

3

厅空间充分利用黄色与蓝色的互，弱化了大面积白色带来的单调，同时也使整个客厅的氛围更加跃。

吊灯
创意造型的玻璃吊灯是整个空间搭配的点睛之笔。
参考价格：1800~2000元

白桦木饰面板
米黄色玻化砖
肌理壁纸
茶镜装饰线
木质装饰线密排
黑色亚光玻化砖

[实用贴士]　**小客厅的装饰品的选择**

　　小客厅的墙面要尽量留白，如果为了保证足够的收纳空间，房间中已经有了很多高柜，再在空余的墙面挂些饰品或照片，就会在视觉上显得过于拥挤。如果觉得墙面因缺乏装饰而缺少情趣，可以选择带有室内主色调中的一个色彩的饰品或装饰画，在色调上一定不要太出格，避免因更多色彩的加入而让空间显得杂乱。适当降低饰品的摆放位置，让它们处于人体站立时视线的水平位置之下，既能丰富空间情调，又能减少视觉障碍。

装饰画
色彩浓郁的装饰画，展现出现代风格配色华丽热闹的特点。
参考价格: 200~300元

图1

整个客厅的硬装设计简单，彰显软装搭配的精致，再缀以明快的色调，让客厅的视觉效果更加活跃。

图2

金属元素的运用彰显出现代风格个性与前卫；黑白色调的明快对比在一抹绿色的衬托下，增添了一丝自然清爽的美感。

图3

客厅利用白色、木色作为背景色，深灰色、绿色点缀其中，体现出完美的配色比例。

图4

银镜线条的点缀让电视墙的设计更富有变化，更有层次。

① 中花白大理石
② 混纺地毯
③ 陶瓷锦砖
④ 米色大理石
⑤ 水曲柳饰面板
⑥ 银镜装饰线

水曲柳饰面板
艺术地毯
强化复合木地板
木纹大理石
黑色烤漆玻璃
爵士白大理石
木纹玻化砖

壁饰
不同样式的脸谱作为墙面装饰，为空间注入了一份异域情怀。
参考价格：80~120元

木色饰面板的应用，缓解了大量白色材给空间带来的冰冷感，与布艺沙发、木质家具、地毯等搭配在一起，使整个客厅的氛围更加亲切。

墙面的三联组合装饰画让整个空间的配色更加有层次，加强了整个客厅的艺术气息。

各异的脸谱赋予客厅浓郁的文化气息，打造出十分富有个性的客厅空间。

元素与石材相搭配，彰显出现代风格简洁硬朗的美感。

装饰材料

白色乳胶漆

乳胶漆以水为介质进行稀释和分解，无毒无害，不污染环境，不火灾危险，施工工艺简便，工期短，施工成本低，甚至可以自己动手涂刷。

👍 优点

可以自己动手将客厅的墙面、顶面用白色乳胶漆粉刷成白色，使整个空间显得清净又不乏个性，而且可以搭配任何颜色的家具及饰品。

❶ 注意

在涂刷乳胶漆前要确保腻子打磨到位，必要的话可以用灯光照着查看墙面是否平整；涂刷前要做好地面的保护工作，涂刷时可以使用托盘来减少涂料的浪费。在与其他材质交界处或阴角分色时，需使用专业分色胶带，这样可以保证交汇边缘整齐无锯齿，胶带撕下来后也不会破坏漆面。

★ 推荐搭配

白色乳胶漆+有色乳胶漆

白色乳胶漆+木质饰面板

图1

白色墙漆、白色家具、白色地砖彰显了现代简约风格洁净通透的美感。若想空间不显单调，可以利用一些带有明快色彩的软装作为点缀。

① 白色乳胶漆
② 白色玻化砖
③ 有色乳胶漆
④ 艺术地毯
⑤ 无缝饰面板
⑥ 米白色网纹玻化砖

① 白枫木百叶
② 强化复合木地板
③ 泰柚木饰面板
④ 羊毛地毯
⑤ 白枫木装饰线
⑥ 陶瓷锦砖

图1

造型各异的吊灯为客厅提供充足照明的同时，还具有良好的装饰效果。

图2

沙发墙的木纹壁纸与电视墙的木饰面板相搭配，十分富有质感，通过细微的差别，营造出统一又富于变化的视觉感受。

图3

客厅以深灰色为基调，大量的彩色软装饰品让空间的色彩层次更加丰富，也缓解了大面积深色带来的压抑感。

图4

黑色与白色相搭配，营造出一个简洁明快的客厅空间，彰显出简约风格的格调与美感。

装饰画
装饰画的不规则排列，彰显了主人的品位与个性。
参考价格: 20~60元

① 木质花格

② 白枫木装饰线

③ 米黄色网纹玻化砖

④ 木纹大理石

⑤ 银镜装饰线

⑥ 米色网纹大理石

单人沙发
单人布艺沙发的色彩明快,造型简单,是整个客厅空间的搭配亮点。
参考价格:600~800元

图1

黑、白、红三种颜色的墙饰,让以米色为背景色的客厅配色更有层次,小鸟造型让客厅更富有情趣。

图2

大量的深色家具,打破了白色背景色带来的单调感,也让客厅更富有个性,更有色彩层次。

图3

灯饰的搭配,让客厅的氛围更显时尚,同时利用光影的作用,让客厅的各种材质更富有质感。

图4

米色与白色相搭配,给人带来干净整洁的视觉感受,灯饰、家具、布艺的完美搭配,尽显现代欧式家居的精致品位。

个性型餐厅装饰材料

若想打造一个充满个性的用餐空间，可以在装饰材料的选择上大作文章。人造装饰板材、玻璃、皮革、金属、塑料凳，都是可以用于表现个性的装饰材料。

水晶吊灯
水晶吊灯的造型简洁大气，装饰感十足。
参考价格: 2000~3000元

图1

圆弧形的顶面造型是整个餐厅的设计亮点，精致的水晶吊灯营造出一个时尚又浪漫的空间氛围。

图2

灯饰与墙饰的造型别致，充分展现出几何图案的美感，营造出一个时尚别致的空间氛围。

不锈钢墙饰
不规则的几何图案墙饰，表现出主人不凡的品位。
参考价格: 800~1200元

① 木质搁板

② 有色乳胶漆

③ 木质踢脚线

④ 强化复合木地板

⑤ 装饰硬包

⑥ 肌理壁纸

壁饰
不同图案的瓷器餐盘作为墙面
装饰,个性十足。
参考价格: 60~120元

① 有色乳胶漆

② 米黄色亚光玻化砖

③ 强化复合木地板

④ 实木装饰立柱

⑤ 木质踢脚线

⑥ 肌理壁纸

图1

黄白撞色搭配的餐椅,让餐厅更有
生趣,营造出一个轻松活泼的用餐
氛围。

图2

金属与石材组成的餐桌椅,十分富
有现代风格家具硬朗简洁的特点,
精美的绿色植物为用餐氛围增添了
一份清新之感。

图3

实木立柱为餐厅带来一份古朴的美
感,与现代风格家具相搭配,表现
出混搭的美感。

图4

素色肌理壁纸装饰的餐厅墙面典
雅而温馨,灯饰的造型别致,为餐
厅注入一份时尚感。

吊灯
创意吊灯简洁大方又不失别致，
增添了空间的美感。
参考价格: 1200~1400元

图1

鹿头与船舵作为墙面装饰，别致又富有创意，为餐厅注入一份异域风格的情趣美感。

图2

餐厅的整体配色颇显沉稳，餐椅的撞色搭配让配色更有层次，也让用餐氛围更加活跃。

图3

管线造型的吊灯，设计十分别致，表现出工业风的复古与个性。

① 有色乳胶漆
② 米黄色亚光玻化砖
③ 木质踢脚线
④ 实木地板

[实用贴士]　　**餐厅的色彩搭配原则**

　　餐厅装修的色彩搭配一般都是根据客厅的色彩而定的，因为在大多数的户型中，餐厅和客厅都是相通的，这主要是从空间感的角度来考虑的。对于独立的餐厅，宜采用暖色系，因为从色彩心理学上来讲，暖色有利于促进食欲，这也就是为什么很多餐厅采用黄色系和红色系的原因。暖色调的墙面，如乳白色、淡黄色等，可通过贴壁纸或粉刷乳胶漆来实现；餐厅灯光要柔和，不强烈、不刺眼。

木质踢脚线

木质踢脚线可以根据材料等级，分为实木踢脚线和密度板踢脚线两种类型。

👍 优点

我们可以根据墙体与地面的色彩来选择木质踢脚线的材质与颜色。它既能使墙体与地面的连接更加牢固、美观，还可以缓解地砖给居室带来的冰冷感。

❗ 注意

市场上真正的实木踢脚线其实很少见，主要是因为实木踢脚线的价格高，制作材料难得；密度板其实就是人造板，虽然价格比实木板低，效果与实木板类似，可是在环保性能方面不如实木板好，而且时间长了可能会出现潮湿、变形等问题，安装时要注意因气候变化产生起拱的现象。

★ 推荐搭配

木质踢脚线+乳胶漆+玻化砖

木质踢脚线+壁纸+玻化砖

图1

白色木质踢脚线让灰白网纹地砖与素色墙漆的衔接更加自然。

① 有色乳胶漆
② 木质踢脚线
③ 密度板拓缝
④ 木纹玻化砖
⑤ 彩色硅藻泥
⑥ 黑白根大理石踢脚线

1

过顶面设计将餐厅与其他区域进
分割，巧妙又富有创意；壁纸的
理在灯光的烘托下更富有质感，
饰效果更佳。

2

幅装饰画是整个餐厅中的装饰亮
美化空间的同时也提升了色彩
次。

3

工编织的吊灯是整个空间内最具
特色的装饰，使整个餐厅看起来
较优雅。

4

桌、餐椅、灯饰、壁画、墙饰等装
元素造型别致，打造出一个前卫
富有个性的用餐空间。

装饰画
无彩色系的装饰画，增强了空间
搭配的艺术感。
参考价格：200~400元

几理壁纸
黑色烤漆玻璃
黑白根大理石波打线
浅咖啡色网纹玻化砖
柚木饰面板
黄色网纹玻化砖

图1

墙砖黑白亮色的搭配,让餐厅的色基调十分明快,花艺与暖色墙漆的运用,为用餐环境增添了一份温馨感。

图2

木色与米色相搭配,营造出自然舒适的空间氛围,墙饰、灯饰、壁饰等软装饰品则使空间设计搭配更有个性,更具美感。

图3

餐桌椅、组合吊灯和鹿头挂件的点缀搭配,让趋于平淡的餐厅配色更加明快。

图4

在灯光的作用下,米色墙漆呈现的视觉效果更富有层次,照片墙的点缀增添了生活情趣。

壁饰
金属挂件的造型别致,丰富了墙面设计的层次感。
参考价格: 200~260元

① 木质花格
② 双色抛光墙砖拼贴
③ 文化砖
④ 木质窗棂造型
⑤ 条纹壁纸
⑥ 肌理壁纸
⑦ 有色乳胶漆

吊灯
透明玻璃吊灯通透又不失美感，
为用餐空间提供了充足的照明。
参考价格：200~400元

装饰灰镜

灰色网纹玻化砖

有色乳胶漆

木质踢脚线

木纹亚光地砖

强化复合木地板

1

隐的灰色地砖，让整个空间的基
更加稳重，也更显大气。

2

果绿色的餐椅为餐厅带来了清新
然的雅致感，也让空间色彩更有
次感。

3

原木色为主色调的空间内，体现
色彩搭配的统一性，丰富的纹理
让装饰效果更加丰富。

4

吊顶搭配暖色灯带，营造出一
洁温馨的用餐空间；风扇式吊
餐厅注入一份复古情怀。

① 白色板岩砖
② 白枫木装饰线
③ 有色乳胶漆
④ 黑白根大理石波打线
⑤ 米色玻化砖
⑥ 无缝饰面板

瓷器
黑白色调的瓷器花瓶搭配红色
花艺,让空间更显个性。
参考价格: 80~120元

图1

小餐厅的设计十分简单,白色裸
质感独特,黑色、红色、紫色的
用,让空间的视觉效果更加饱满
层次更加丰富。

图2

素色墙漆搭配白色线条,餐厅的
饰设计简洁大气,黑白色调的装
画增添了空间的艺术感。

图3

灯饰及墙饰的造型设计十分别到
为小餐厅增添了个性的美感。

图4

组合装饰画是餐厅中亮眼的装饰
以素色调为主的餐厅增添了艺术感

陶瓷锦砖拼花
条纹壁纸
强化复合木地板
米色网纹亚光玻化砖
泰柚木饰面板
米黄色玻化砖

1

用彩色陶瓷锦砖拼贴的壁画，色饱满，与暖色调的餐椅搭配，色层次更加丰富。

2

帽造型的组合吊灯，装饰效果极暖色灯光让用餐氛围更加温馨。

3

餐椅设计成卡座，强大的收纳功让小餐厅的面积得以释放，彩色艺坐垫既舒适又能美化空间。

布艺餐椅
布艺饰面的餐椅造型简洁，为用餐提供了一份舒适的氛围。
参考价格：200~400元

[实用贴士]

如何设计餐厅墙

　　餐厅墙装修是居室装修的重要环节，因为它可能决定着餐厅装修的整体效果。在装修餐厅墙的时候，要考虑自己的喜好，使餐厅的风格符合个人的品位。可以打造壁画似的装饰墙，还可以手绘出随性又自由的画作，营造出轻松愉悦的用餐环境。

吊灯
创意吊灯在保证空间照明的同时，也具有很强的装饰效果。
参考价格：800~1200元

图1

餐厅的硬装设计十分简单，利用色与白色作为背景色，极简又不温馨。

图2

白色与木色作为餐厅背景色，色跳跃的布艺及灯饰让用餐氛围加活跃。

图3

金属色的硬包为餐厅增添了一份华的美感，黑白色的餐桌椅让空色彩更有层次感。

图4

餐厅选用环保硅藻泥作为墙面饰，搭配立体墙贴更富有层次感餐桌椅的设计简单且不乏美感，显了现代风格家具的特点。

① 米色网纹玻化砖
② 肌理壁纸
③ 强化复合木地板
④ 木质踢脚线
⑤ 彩色硅藻泥
⑥ 木纹玻化砖

1

色与浅米色作为背景色，简约又不温馨；黑色餐桌椅的运用，让玄关餐厅两个空间的划分更加明确。

2

色与黄色搭配的餐厅，呈现的视效果温馨而又明快，让整个用餐围更加轻松愉悦。

3

桌与餐椅的造型十分简洁，整个间的配色给人带来干净整洁的视效果。

4

具及墙漆的色调沉稳浓郁，表现工业风的复古韵味。

吊灯
方形玻璃吊灯，别致新颖，营造出一个时尚的用餐空间。
参考价格：800~1200元

白色乳胶漆

强化复合木地板

木纹玻化砖

泰柚木饰面板

有色乳胶漆

米黄色网纹亚光玻化砖

装饰材料

仿木纹地砖

仿木纹地砖的重要特点是：拥有木地板的暖外观，并用瓷砖演绎出个性的风采。

👍 优点

仿木纹地砖自然意境浓郁，可以采用不同铺装方式，让地面更有设计感，如顺纹铺装、人纹铺装、T字纹铺装等。巧妙地通过改变施工法，来弥补地面设计的单调感，营造出理想的围与意境。

❗ 注意

餐厅中的仿木纹地砖通常以瓷质釉面砖为佳相比陶质木纹地砖，它更加耐磨、耐污、不易掉色在挑选的时候，要注意观察纹理(纹理重复越少好)、触摸质感(木纹表面是否有原木的凹凸质感)并询问产品技术、查看质量证明书后再做决定。

⭐ 推荐搭配

仿木纹地砖+木质踢脚线

仿木纹地砖+人造石踢脚线

图1

透明餐椅搭配黑色餐桌，使餐厅的科技感十足；仿木地砖与素色墙漆为餐厅增添了一份暖意。

① 仿木纹地砖

② 手绘墙画

③ 白色乳胶漆

④ 人造石踢脚线

⑤ 肌理壁纸

⑥ 实木地板

车边银镜
强化复合木地板
肌理壁纸
灰色人造大理石
有色乳胶漆
木质踢脚线

1

个餐厅的氛围十分温馨典雅，极
装饰效果的金属墙饰为餐厅增添
一份时尚感，同时也彰显了几何
案强大的美感。

2

也板与餐边柜的选材体现了空间
记的整体感；木色餐桌搭配白色
奇，为餐厅增添了一份明快整洁
美感。

3

大色餐桌椅的运用，很好地缓解
大面积灰色带来的单调感；黑白
画也让整个空间的色彩层次更
分明。

4

造型的吊灯极富装饰感，暖色灯
用餐营造出温馨舒适的氛围。

装饰绿植
大型装饰绿植的运用，为餐厅增
添了无限生机。
参考价格：根据季节议价

吊灯
竹制鸟笼造型灯罩新颖别致，展现了现代风格的时尚与个性。
参考价格: 800~1200元

图1

棕色与黑色装饰的家具沉稳低调，造型简洁的一组吊灯为餐厅增添一份时尚感。

图2

错层搁板设计，让墙面的造型更层次，精美的摆件为餐厅带来良的装饰效果。

图3

小餐厅利用白色作为背景色，选几幅简洁的装饰画作为墙面装饰彰显出现代风格的简约特色。

图4

浅色印花壁纸装饰的墙面温馨且有层次感，蓝色、绿色的点缀使餐氛围更加活跃，有生气。

① 米色玻化砖

② 木质踢脚线

③ 强化复合木地板

④ 白色乳胶漆

⑤ 爵士白大理石

⑥ 浅咖啡色网纹玻化砖

○ 木质花格
○ 强化复合木地板
○ 彩色硅藻泥
○ 有色乳胶漆
○ 米黄色玻化砖
○ 米白色网纹玻化砖

1
族缸与精美的花艺为餐厅增添了
力与生气，缓解了黑白色调单一
视觉效果。

2
厅墙面选用彩色墙漆与硅藻泥
配，给人带来清新自然的视觉感
，精美的植物与装饰画赋予空间
谐舒适的美感。

3
色餐椅是整个餐厅搭配的亮点，
破了暗暖色给空间带来的单调、
闷的视觉感受。

4
联组合装饰画让餐厅的色彩层次
加丰富，呈现出饱满的视觉效果。

装饰花艺
精美的花艺营造出一个温馨浪
漫的用餐氛围。
参考价格: 根据季节议价

吊灯
吊灯的设计线条简洁优美，展现出现代风格优雅别致的一面。
参考价格：800~1200元

图1

白色与深木色相搭配，简洁明快彰显出北欧风格简约从容的美感

图2

条纹元素的运用，让现代风格餐多了一份雅致感。

图3

整个餐厅的设计造型十分富有性，金属元素餐桌、创意壁画、纤吊灯，都展现出现代风格的特点。

图4

白色裸砖给人带来极简的视觉感环形吊灯带有一丝复古意味，为厅增添了一份混搭的美感。

① 木质搁板
② 条纹壁纸
③ 装饰壁画
④ 米色网纹玻化砖
⑤ 白色板岩砖
⑥ 木质踢脚线

黄松木板吊顶
装饰银镜
米色网纹玻化砖
条纹壁纸
米色玻化砖
石膏装饰浮雕

1

膏板的创意造型与镜面搭配，层
丰富，在光影的衬托下，装饰效
更佳，变化更丰富。

2

光、花艺、装饰画的精心搭配，让
餐厅的氛围更加温馨。

3

厅顶面选用石膏浮雕进行装饰，
简洁的空间增添了一份复古的
感。

餐椅
餐椅别致新颖的造型，打造出一
个十分个性的用餐空间。
参考价格：200~400元

[实用贴士]

如何设计餐厅吊顶

餐厅吊顶的设计应注意以明亮、洁净为主，同时还要体现出轻松、浪漫的氛围。餐厅吊顶在设计上要有创新性，设计效果要给人耳目一新的感觉，还应采用技巧，打破常规，征服我们的双眼。整体效果更是要给人个性、清新、亮丽的感觉，在这样一间优雅的餐厅吃饭，保证让你胃口大开。

吊灯

长方形吊灯的设计造型简洁大气，也为用餐空间提供了充足的照明。

参考价格：800~1200元

图1

黑色与浅木色装饰的餐厅充满时尚气息，少量的白色贯穿其中，让色彩更富有层次。

图2

装饰壁画的色彩清秀淡雅，为用餐空间增添了一份清爽的自然气息。

图3

半弧形的吊顶设计，与灯带相搭配，令餐厅的装饰效果极佳。

图4

嵌入式餐边柜表现出强大的收纳功能，彰显了现代风格整洁、规整的美感。

① 泰柚木饰面板

② 强化复合木地板

③ 白枫木装饰线

④ 装饰壁画

⑤ 有色乳胶漆

⑥ 米色玻化砖

吊灯
铁艺灯罩的吊灯富于个性又复古，彰显了主人的品位。
参考价格：200~400元

1

色与木色为主色调的空间内，绿植物的运用，让整个空间的氛围洁、清爽。

2

调沉稳的餐厅中，选用镜面作为面装饰，可以有效提升餐厅的设层次。

3

古的壁纸图案给人带来古朴的视感受；餐桌椅的造型简约，颜色丽，使用餐氛围更加活跃。

4

厅与客厅相连，顶面的灯饰让空层次更加分明；餐厅选用暖色灯也让用餐氛围更加温馨。

白色乳胶漆

木质花格

实木装饰立柱

陶质木纹地砖

水晶装饰珠帘

强化复合木地板

装饰材料

人造大理石（浅咖啡色网纹）

人造大理石具有重量轻、强度高、耐腐蚀、耐污染、施工方便等特点。

👍 优点

浅咖啡色网纹人造大理石的纹理虽然不像天然网纹大理石那样自然，但是它的纹路图案可人为控制，无论是颜色还是纹路，都可以达到视觉上较一致的效果。

❗ 注意

人造大理石有耐磨、耐酸、耐高温等特点。因为表面没有孔隙，油污、水渍不易渗入其中，因此抗污力强。但人造大理石是以天然石粉为原料，再加入树脂制成的，因此在选购时，要注意无刺鼻气味，尽量选择色彩自然的人造大理石。

⭐ 推荐搭配

浅咖啡色网纹人造大理石+装饰镜面

浅咖啡色网纹人造大理石+不锈钢条

图1

人造大理石装饰的餐厅墙面，纹理与色泽在灯光的衬托下质感十足，装饰效果极佳。

① 浅咖啡色网纹人造大理石
② 装饰硬包
③ 木纹玻化砖
④ 有色乳胶漆
⑤ 木质横梁
⑥ 木质踢脚线

1

面装饰画的色调淡雅,增强了用
空间的艺术气息,营造出清新的
间氛围。

2

古造型的传统手工玻璃吊灯为餐
增添了一份古典主义的美感,与
型简洁的现代风格家具相搭配,
有一番混搭的趣味。

3

椅的造型十分别致,简洁而不失
统格调,表现出极佳的装饰效果。

4

色裸砖与钨丝灯相搭配,彰显出
业风复古又略显粗犷的格调。

吊灯
手工玻璃灯罩的吊灯造型优美
精致,为现代风格餐厅注入一份
复古情怀。
参考价格: 800~1000元

有色乳胶漆
白枫木饰面板
实木地板
条纹壁纸
米白色玻化砖
米色网纹玻化砖
白色板岩砖

吊灯
不同造型的组合吊灯，彰显了餐厅
设计搭配的个性与美感。
参考价格：800~1200元

① 白色板岩砖
② 仿木纹地砖
③ 陶瓷锦砖
④ 浅咖啡色网纹玻化砖
⑤ 白色乳胶漆
⑥ 米白色玻化砖

图1

大面积的落地窗保证了餐厅良好的
采光，让以黑白灰为主色调的空间
显得更加时尚。

图2

卡座设计增强了餐厅的收纳功能，
也体现了一定的整体感；墙面搁板
的造型别致，为餐厅融入一丝工业
风的韵味。

图3

餐厅的整体设计简洁，组合吊灯的
造型各异，彰显出软装搭配的精细
与品位。

图4

深色餐椅的运用为以浅色调为背景
色的餐厅增加了稳重感，与充满现
代设计感的餐桌搭配，呈现出一份
混搭的美感。

个性型卧室装饰材料

卧室的装饰设计应以安逸、舒适为主，要避免使用太过抽象或夸张的设计手法，以免使人产生不适之感。装饰材料应尽量以壁纸、布艺、木质材料为主。

① 有色乳胶漆
② 条纹壁纸
③ 印花壁纸
④ 白枫木百叶
⑤ 混纺地毯

图1

壁纸的图案极富装饰感，让设计简单的卧室墙面具有更加丰富的视觉效果。

图2

印花壁纸的图案呈现出饱满的视觉效果；装饰画、灯饰、布艺等元素的搭配，使卧室的色彩层次更加丰富，营造出一个颇具浪漫情调的睡眠空间。

水晶壁灯
淡紫色的水晶壁灯，装饰效果很好，使卧室的氛围更温馨。
参考价格：300~480元

吊灯
创意造型的床头吊灯，打造出一个
个性又时尚的卧室空间。
参考价格: 400~600元

图1

卧室整体设计简单，装饰画、布
窗帘、灯饰、家具的搭配很有层次
充分体现了后期软装搭配的用心

图2

印花壁纸与镜面相搭配，让卧室
饰墙饰设计层次变化更加丰富，营
出时尚又不失典雅的睡眠空间。

图3

卧室的整体设计造型极具个性
形吊顶与书柜的一体式设计，即
妙又富有整体感。

图4

雕花烤漆玻璃装饰的卧室墙面
十足，暗暖色为主色调的空间
且温馨。

① 白色乳胶漆
② 车边银镜
③ 米色抛光地砖
④ 条纹壁纸
⑤ 雕花磨砂玻璃
⑥ 雕花烤漆玻璃

印花壁纸
彩色硅藻泥
艺术地毯
手绘墙画
灰白色网纹玻化砖

[实用贴士] **卧室的设计原则**

　　卧室是一个私密性极强的空间，它的装修可以打破常规，新颖的空间形式、大胆的材质搭配、鲜艳的色彩对比、另类的家具布置等都是个性卧室的主要元素。但值得注意的是，并不是处处突出个性就能打造出个性卧室，这样往往会事与愿违。在一个空间里突出单一个性，反而会使个性更为张扬。如果适当地留白，个性就会适当地舒展，品位也就自在其中。

布艺床品
纯棉质地的布艺床品，柔和的色彩搭配精美的图案，让空间氛围更加舒适。
参考价格：400~800元

鸟图案的印花壁纸为卧室增添一份复古情怀，搭配同色调的布品，使整个卧室的氛围更显温雅。

卧室的配色明快又大气，复古的尽显古典主义的典雅与品位。

台灯
蓝色布艺台灯，呈现出梦幻浪漫的视觉效果。
参考价格：300~400元

装饰材料

羊毛地毯

羊毛地毯的手感柔和，弹性好，色泽鲜艳且质地厚实，抗静电性能好，不易老化褪色。毛维的热传导性很低，热量不易散失，因此具有强的保暖性能。

👍 优点

可以通过选择不同形状的地毯来增添卧的设计情趣。如圆形地毯，让室内氛围更加泼；不规则形状地毯，显得个性十足；而中规的方形地毯，则属于实用派，它可以使卧室显更加规整。

❗ 注意

羊毛地毯具有较好的吸声能力，可以降各种噪声。但是羊毛地毯的防虫性、耐菌性和潮湿性较差。在选择和使用时应考虑清洁与护等问题。

★ 推荐搭配

羊毛地毯+木地板+木质踢脚线

图1

在以白色为背景色的卧室中，原木色地板与浅灰色地毯的运用，为空间增温、增色不少。

① 白色板岩砖
② 羊毛地毯
③ 装饰硬包
④ 印花壁纸
⑤ 实木地板

肌理壁纸
皮革硬包
装饰硬包
实木地板
布艺软包
艺术地毯

1

色小型家具的运用，缓解了米色
单一感，让空间的色彩氛围更加
显温馨。

2

的造型简单，皮革饰面十分富有
感，让空间氛围时尚又不失温馨。

3

秀钢条与硬包的搭配，层次分
造型简洁，彰显出现代风格以
繁的格调。

色地毯为卧室营造出安静沉稳
间氛围，搭配米色调的软包，
体氛围舒适和谐。

末品
末品的花色淡雅秀丽，营造出一
个舒适又不失个性的睡眠空间。
参考价格：400~800元

图1

卧室墙面的设计十分有层次感，似不经意的涂鸦，彰显个性，又为空间带来一丝艺术气息。

图2

以米色调为背景色的卧室典雅而馨，彩色布艺床品及地毯的运用为卧室增添了一丝活跃感。

图3

印花壁纸给人带来的视觉感受十分明快，与素色墙饰搭配，使整个室的氛围清爽而温馨。

图4

淡淡的粉色与白色营造出一个馨浪漫的睡眠空间；柔软的软床、复古的灯饰及家具等软装的搭配，让卧室的整体氛围更显适放松。

① 装饰硬包
② 强化复合木地板
③ 条纹壁纸
④ 有色乳胶漆
⑤ 混纺地毯

布艺软包

条纹壁纸

装饰硬包

羊毛地毯

肌理壁纸

艺术地毯

以暖色为主色调的卧室空间，顶面梦幻般的水晶吊灯，营造出一个又不乏温馨感的睡眠空间。

与白色的包容性，有效地缓解色带来的跳跃感，让空间氛围和谐。

的表面图案装饰效果极佳，搭具仿古造型的家具，表现出混美感与韵味。

的装饰画是整个卧室中最跳软装元素，缓解了卧室沉闷的。

装饰画

装饰画色彩分明，是整个卧室的搭配亮点，增添了艺术感。

参考价格：100~160元

图1

印花壁纸的装饰让卧室墙面的设计
更有层次感,氛围更温馨。

图2

选用黑胡桃木饰面板作为卧室墙
面的装饰,是十分大胆的选择,
有复古图案的布艺软包、白色软
床及浅色小家具的运用,很好地
解了深色带来的压抑感,使空间
氛围更加和谐。

图3

暗暖色为卧室背景色,大量带有
属元素的家具是卧室的主角,很
地缓解了暗暖色带来的沉闷感。

图4

整个卧室的硬装部分十分简单,
心挑选的家具及各种软装饰品
配让卧室的氛围十分舒适温馨。

纱帘
色彩绚丽的纱帘,让整个睡眠
间都散发着温馨浪漫的气息。
参考价格: 200~400元

① 印花壁纸

② 艺术地毯

③ 黑胡桃木饰面板

④ 茶色烤漆玻璃

⑤ 实木地板

⑥ 有色乳胶漆

白色乳胶漆
艺术地毯
装饰硬包
强化复合木地板
印花壁纸
混纺地毯

1

棕色、蓝色与白色相搭配，让整
卧室的氛围轻松惬意；顶面金色
纸的运用为卧室增添了奢华的
感。

2

室的整体设计十分简约，灯饰、
具、布品等赋予整个空间更多的
调与个性。

3

室的设计造型简单，浅色印花壁
搭配深色地毯、木地板，深浅过
和谐，搭配层次分明。

电视柜
电视柜的刷白处理，让卧室的氛
围更加安逸舒适。
参考价格：800~1200元

[实用贴士]

如何设计卧室色彩

在卧室墙面的色彩选择上，以和谐、淡雅为宜。对局部的纯色搭配应
慎重，稳重的色调较受欢迎，如活泼而富有朝气的绿色系，欢快而柔美的
粉红色系，清凉而浪漫的蓝色系，灵透雅致的灰调或茶色系，热情中充满
温馨气氛的黄色系。想营造出优雅的卧室氛围，就要放弃艳丽的颜色，而
略带灰调子的颜色，如灰蓝、灰紫都是首选，灰白相间的花朵壁纸也可以
把优雅风范演绎到极致。

水晶吊灯
华丽的水晶吊灯营造出一个时尚、贵气的空间氛围。
参考价格: 1200~2000元

图1

卧室的硬装与软装相搭配,简洁大气,配色层次也十分明快,彰显出现代风格的品位与个性。

图2

以米色与木色为背景色的卧室,氛围格外优雅,中西方灯饰的混搭运用,彰显了主人的品位与格调。

图3

深色木地板与地毯的搭配恰到好处,不仅缓解了米色给空间带来的单调感,还让整个卧室的重心更加稳定,整体氛围更加和谐。

图4

以白色与木色为主色调的卧室,给人的视觉感受十分简洁,精美的手绘墙画让卧室的氛围轻松且悠闲。

① 印花壁纸

② 强化复合木地板

③ 无缝饰面板

④ 艺术地毯

⑤ 混纺地毯

⑥ 手绘墙画

有色乳胶漆

实木地板

木质踢脚线

条纹壁纸

皮革软包

银镜装饰线

床
圆形软包床别致新颖，彰显了主人的品位与个性。
参考价格：2000~2500元

1
色、白色与原木色打造出一个温馨舒适的睡眠空间；用色清雅秀丽的装配让卧室的艺术气息更加浓郁。

2
戈色为背景色的卧室在暖色灯光衬托下，使卧室的氛围更加温馨。

3
会墙画、圆形大床都彰显出主人凡的个性品位，黑色、白色与棕的配色，也彰显了现代风格的时感。

4
面软包与银镜装饰线的设计造简单，简约的线条让墙面的设计更加丰富。

装饰硬包

装饰硬包的填充物不同于软包，它是将密度板制作成相应的设计造型后，包裹在皮革、布等材料里面。

👍 优点

与软包相比，硬包有鲜明的棱角，线条感强。造型多以简洁的几何图形为主，如正方形、长方形、菱形等，偶尔也会有一些不规则的多边形。因此，硬包更加适用于装饰年轻人的卧室。

❗ 注意

若将硬包设计在卧室的墙面中，无论其表面材质是布艺还是皮革，它们的色彩都要与床、柜等卧室中的主要家具相呼应，如此既能展现空间的舒适感，又能表现出和谐的空间色调。

★ 推荐搭配

装饰硬包+木质装饰线+乳胶漆

装饰硬包+不锈钢条+壁纸

图1

硬包的设计造型简单，与简洁的白色线条搭配，色彩层次分明。

① 白枫木装饰线

② 装饰硬包

③ 有色乳胶漆

④ 皮革软包

⑤ 艺术地毯

⑥ 强化复合木地板

○ 印花壁纸
○ 人造石踢脚线
○ 黑镜装饰线
○ 布艺软包
○ 白色乳胶漆
○ 强化复合木地板

1

灰色与白色作为卧室的背景色，显出简约风格的极简之美。

2

镜线条的运用，让卧室背景墙的计更有层次，也在视觉上凸显了种材质的质感。

3

白色与原木色为背景色的卧室简明快，一抹绿色的应用体现了现风格简约清爽的美感。

4

艺床品的色调提升了整个卧室的彩层次，让卧室的氛围更加温馨。

箱式床头柜
箱式床头柜的矮脚设计，线条简洁，造型优美，展现出现代美式风格的精致。
参考价格：800~1000元

① 有色乳胶漆
② 布艺软包
③ 直纹斑马木饰面板
④ 强化复合木地板
⑤ 印花壁纸
⑥ 不锈钢条
⑦ 雕花烤漆玻璃

图1

布艺软包与彩色墙漆相搭配，让室背景色十分有层次，配色效果显时尚。

图2

采光好的卧室，即使将黑色大面运用，也不会显得压抑，与白色面形成对比，反而能为卧室增添份明快感。

图3

圆弧形吊顶搭配精美的水晶吊灯尽显欧式风格的奢华品位，组合饰画的运用十分具有个性，是卧装饰的亮点。

图4

不锈钢条的运用，让墙面的造型配色层次都得到了提升，彰显当代风格选材的格调。

1

面的运用让小卧室的空间在视觉
有一定的扩张感，浅棕色布艺软
温馨雅致，也很好地缓解了镜面
冷硬之感。

2

个地面选择浅灰色地毯作为装
，起到增温目的的同时，也为空
带来一份时尚的美感。

3

彩层次丰富的卧室背景墙是整个
间装饰的亮点，彰显个性的同时
不失雅致的美感。

4

文壁纸让设计简单的卧室墙面呈
出饱满的视觉效果；暖色灯光则
空间氛围更显温馨。

装饰画
装饰画的题材别致，营造出一个
颇具个性的卧室空间。
参考价格：100~160元

布艺软包

装饰茶镜

羊毛地毯

与色乳胶漆

木质踢脚线

条纹壁纸

① 肌理壁纸

② 印花壁纸

③ 米黄色网纹大理石踢脚线

④ 强化复合木地板

⑤ 黑镜装饰线

⑥ 无缝饰面板

软包床
软包床造型简洁大气,功能性与
装饰性兼备。
参考价格: 2000~3000元

图1

素色壁纸搭配深色布艺饰品及
板, 层次分明, 彰显配色的和谐。

图2

在以米色为背景色的卧室中, 少
深色的点缀, 可以打破沉闷感
色彩更有层次感。

图3

设计简洁的卧室中, 精心挑选的
靠背软包床是整个卧室的主角
证了睡眠空间的舒适感。

图4

木色与米色相搭配, 室内软装
完美搭配, 共同营造出一个富
意的空间氛围。

肌理壁纸
装饰硬包
艺术墙贴
米黄色玻化砖

1

个卧室贯彻了简约风，以白色为
，定制的电视柜与床品色彩形成
应，提升了空间的层次感，又满
了功能需求。

2

头两盏吊灯的设计感极佳，暖色
灯光让卧室的氛围温馨舒适。

3

术墙贴为卧室增添了满满的童
，彰显个性的同时也表现出设计
纪的巧思。

墙饰
造型别致的墙面装饰品，让整个
卧室的空间显得更有个性。
参考价格：200~240元

[实用贴士]

如何搭配小户型卧室

　　多功能的家具是布局小卧室时必不可少的帮手，因为卧室本身的空间不大，选择一物多用的家具能很好地节约空间。例如，放置一件既可以当沙发又可以当床的家具；选购一件既能当书桌又能当书柜的家具，又或者将矮柜、抽屉柜的柜顶当桌面使用。大柜子既可以放书籍物品，也可以放衣服。这样一来，不仅可以收纳那些零散的东西，又可以在视觉上产生整洁感。

落地灯
落地灯的设计线条简洁大方，展现出现代风格灯饰的特点。
参考价格：400~800元

① 装饰硬包
② 实木地板
③ 有色乳胶漆
④ 艺术地毯
⑤ 艺术墙贴
⑥ 手绘墙画

图1

灯饰的烘托是整个卧室中不可或的，不仅衬托出装饰材质的质感，营造出一个温馨舒适的空间氛围

图2

蓝色墙漆的装饰，让卧室的氛围逸、宁静，柔软舒适的软包床及艺床品，让整体感受更加舒适。

图3

卧室墙贴的图案与条纹壁纸的搭恰到好处，打造出清新、自由、派的空间氛围。

图4

紫色与白色营造出充满梦幻及派的空间氛围，黑白色调的手绘墙彰显个性。

1

室中大量运用暖色，墙面、床、地板等色彩上的差别，体现层的同时彰显温馨氛围。

2

色灯光的运用能够有效地缓解当两色强烈的对比，让空间氛围加舒适。

3

室的整体设计十分简洁，装饰画整个空间的亮点，带来简约时尚视觉效果。

4

戈色调为背景色的卧室，黑色烤支璃的运用使卧室充满层次感。

吊灯
铜质支架的吊灯，造型优美，线条流畅，彰显出美式风格灯饰的精致品位。
参考价格：1000~1200元

有色乳胶漆
白枫木百叶
装饰硬包
有色乳胶漆
白枫木装饰线
黑色烤漆玻璃

黑镜装饰线

黑色烤漆玻璃装饰线与黑色镜面装饰线称为黑镜装饰线。它们都能为空间增添不可或的层次感与时尚感。

👍 优点

黑镜装饰线本身色彩沉稳，大多情况下会木饰面板、石膏板、软包或硬包等装饰材料进搭配使用。同时相比实木装饰线与石膏装饰线能提升空间的层次感。

❗ 注意

运用黑镜装饰线装饰吊顶时，应尽量选尺寸窄一些的线条；若用于主题墙面的装饰，可以根据其面积的大小来定。安装前必须经严格、精准的测量，否则会产生价格不菲的额支出。

★ 推荐搭配

黑镜装饰线+装饰硬包+乳胶漆

黑镜装饰线+平面石膏板吊顶

图1

黑镜装饰线的运用让皮革硬包更有层次感，为卧室增了一份现代风格简洁大气的美感。

① 黑镜装饰线

② 皮革硬包

③ 艺术地毯

④ 白色乳胶漆

⑤ 强化复合木地板

⑥ 仿岩涂料

⑦ 羊毛地毯

壁饰
造型别致新颖的壁饰,让整个空间都散发着个性的时尚美。
参考价格: 200~400元

石膏板造型吊顶

强化复合木地板

手绘墙画

茶色镜面玻璃

混纺地毯

水曲柳饰面板

1

面的星形造型,在灯光的衬托下显别致,营造出一个宁静、安逸垂眠空间。

2

萌童趣的手绘墙画色彩丰富,是个卧室的装饰亮点,营造出天真曼的空间氛围。

3

室的用色十分大胆,给人带来的彩层次十分饱满,表现出现代风飞扬的格调。

4

彡水晶吊灯烘托出一个梦幻的空氛围,展现出现代欧式风格轻奢美感。

① 装饰硬包

② 无缝饰面板

③ 木质踢脚线

④ 强化复合木地板

⑤ 艺术墙贴

⑥ 胡桃木装饰线

箱式床尾柜
造型简洁大方的收纳柜，让卧室空间显得更加整洁。
参考价格：800~1000元

图1

米色营造出一个温馨舒适的睡眠空间，金属立体墙贴充满个性，又让墙面设计富有层次。

图2

墙面硬包的肌理造型装饰效果良好，质感突出又富有个性。

图3

艺术墙贴体现了主人的品位与个性，很好地缓解了白色墙面的单调感。

图4

户型的墙面设计与顶面造型形成呼应，缓解了不规则户型的设计难度，同时也让设计更有个性。